FOR2

FOR pleasure   FOR life

人類使用說明書

關 於 生 活 與 人 際 難 題 ， 科 學 教 我 們 的 事

Camilla Pang 卡蜜拉・彭 著　　李穎琦 譯

Explaining Humans
What Science Can Teach Us about Life, Love and Relationships

謹獻給母親索妮雅、父親德忠、姊姊莉迪亞

目次

前言

在地球生活了五年的時候,我開始覺得,自己降落到不對的地方了。當時一定是錯過站。

我在同物種間老覺得自己格格不入:我這個人,明白人類表達的字字句句,卻沒辦法掌握語言的奧祕;我這個人,與人類同伴有相同外表,但基本特性大有所異。

我家的庭園裡,搭了座色彩繽紛的帳篷,往一旁斜去。我會坐進去,在這艘太空船裡,攤平眼前地圖冊,忖度怎樣才能發射,帶我回去名為家鄉的星球。

如果我百思不得其解,就轉而詢問少數幾個可能真的懂我的人。

「媽,有沒有什麼人類的使用說明書啊?」

她瞅著我,眼神茫然。

「就是……像指南那種,解釋人為什麼會有這些行為?」

我不是很確定——從表情推論出內心真實感受從來就不是我的強項,以前不是,現在也不是——但在那個瞬間,我應該是看到我媽媽的心,碎了。

「沒有耶,小蜜。」

不合理啊。世界上有形形色色的書,幾乎包羅了這浩瀚宇

宙其餘的萬象，竟沒有一本可以告訴我怎麼**當人**；沒有一本可以指引我怎麼準備好應對這世界；沒有一本可以教導我看到悲痛的人怎麼將手臂環放在對方肩上安撫，怎麼在別人笑的時候我也笑，別人哭的時候我也哭。

　　我知道當初被放在這顆星球上，必定有什麼理由。隨著時間推移，我愈來愈能掌握自己的心理狀態，對科學也愈來愈有興趣，最後我終於發覺：就是這個了。我應該要寫出一份我匱缺好久的說明書——用來向我這種不懂人類的人，解釋人類是怎麼一回事，或許可以幫助那些以為自己懂人類的人換個視角看世界。局外人的人生指引。就是這本。

　　著書的目標並非一直看似明確，有時似乎遙不可及。我還得閱讀蘇斯博士[1]的作品，努力精進普通教育的高級程度；閱讀虛構故事其實讓我畏怯不已。不過，憑著我腦袋的獨特運作方式，以及對科學近乎狂熱的喜愛，人生其他方面的闕漏，我幾乎都得以補足。

　　請容我好好解釋。我從不覺得自己正常，是因為我本來就不正常。我有自閉症類群障礙（autism spectrum disorder，簡稱ASD）[2]、注意力不足過動症（attention deficit hyperactivity

---

1　譯註：蘇斯博士（Dr. Seuss, 1904-1991）原名希奧多・蘇斯・蓋索（Theodor Seuss Geisel），最為人知的身分是兒童繪本作家，作品淺顯易懂卻意蘊深遠，富含詩歌節奏與稀奇古怪的生物，為兒童編撰的字典更充滿繞口令、腦筋急轉彎等遊戲，寓教於樂。

2　譯註：因臺灣仍沿用「自閉症」此俗稱，本書部分譯文也視情況以此詞代稱，有時亦隨作者原文變化。不過，值得注意的是，英文之所以由autism改稱ASD，即是以spectrum凸顯自閉症本身的多元性。

disorder，簡稱ADHD）、廣泛性焦慮症（generalized anxiety disorder，簡稱GAD），病症全加總在一起，身為人的人生可能並不好受。這種感受確實常有。有自閉症，大概就像玩電動沒有主機，做菜沒有鍋碗瓢盆，彈奏音樂沒有音符。

　　日常生活中發生的事，有ASD的人比較不善處理，難以理解：通常我們無法過濾所見所說，很容易就不堪負荷，還會舉止奇特，旁人可能因此忽略我們的天賦，不予理睬。我會狂敲桌子，發出尖銳古怪的雜音，還常常抽搐——是不定時襲來的神經不自主抽動。我在錯誤的時機說錯話，電影播到悲傷的片段時我笑出來，播到關鍵的劇情時我問個不停。而且我老是離情緒崩潰不遠。要知道我的心理怎麼運作，不妨試想溫布頓網球錦標賽。我的心理狀態，就是那顆網球，從這方到那方，來回往復，彈跳得愈來愈快，上下上下，左右左右，位置不斷變動。然後，倏忽之間，出現變化。一方球員打滑，發生失誤，或打出比對手更聰明的球路，網球旋啊旋，失去控制。崩潰開始。

　　這樣的生活儘管教人沮喪，但也完全是種解放。不屬於這個世界，也代表你處在專屬於你的世界——在一個可以自由訂立規則的世界。除此之外，隨著時間流逝，我逐漸了解神經多樣性這種非比尋常的混合狀態，也是一種福氣，那其實就是我的超能力，讓我配備了快速、有效率、能徹底分析問題的心理利器。ASD意味著我以不同的角度看世界，沒有先入之見；焦慮與ADHD則有助於我迅即處理資訊，讓我在百無聊賴與極度專注之間用力蹦跳，意識到自己所處的情境後，得以在心中一

一推演出可能遇到的結果。我的神經多樣性衍生了如此多個身為人類有何意義的問題，但同時也賦予我力量，獲取這些問題的答案。

我尋覓這些答案的方法，在人生中一直給予我至高無上的喜悅：正是科學的力量。人類模稜兩可、時常自相矛盾且難以理解之處，科學清楚明瞭，值得信賴，不會說謊，不會遮掩話中真意，也不會在你背後說閒話。七歲時，我愛上叔叔的科學書，這種直截、具體資訊的來源，我在其他地方就是找不到。每個星期天，我會前去他的書房，沉浸在科學世界中，彷彿壓力閥釋放之感，是我這輩子第一次找到東西解釋我最深的疑惑：與我同為人類的其他人。在這個拒絕提供確定感的世界中，我持續尋覓確定感，科學則向來隨侍在側，是最堅貞不渝的同盟、最忠誠可靠的朋友。

而且現在，科學這面透鏡成了我觀看世界的方法，我在人類星球探險時碰上諸多人類行為，都可以用科學解釋這些行為之中最神祕的面向。科學可能對許多人來說晦澀難明，專業門檻太高，卻也得以闡明最至關重大的事物。比起舉辦團隊打造的活動，癌細胞可以教導我們更多有效合作的真諦；對於人類之間的關係與互動，我們體內的蛋白質提供令人耳目一新的觀點；機器學習機制可以協助我們做出更有條有理的決策；熱力學解釋了在生活中建立秩序的難處；賽局理論為社交禮儀指引了一條康莊大道；演化論說明了我們彼此的想法為何如此迥然有別。我們藉由理解科學原則，得以更深入了解生活的本質：恐懼的來源、人際關係的基礎、記憶運作的方式、意見不合的

原因、起起伏伏的感受、個人獨立的程度。

　　世界關上了面對著我的門，但科學一直是把金鑰，為我解鎖那道門，我相信，科學必須闡明的內容，對我們所有人來說都舉足輕重，無論是神經典型（neurotypical）的人，還是神經多樣性（neurodivergent）的人，如果想更了解人，其實就該透過科學知道人如何運作，了解人體及大自然運作的模式。我們大多數人對於生理機制與物理化學作用的認知，只來自課本圖表的粗略印象，但每種機制與作用皆包含了特性、階層、溝通結構，在在反映出我們日常生活中體驗的一切，也有利於闡釋。只學其中一種，不學另一種，就像是閱讀一本頁數少了一半的書。科學界定了人性以及我們所處的世界，若能更深入釐清科學，必有助於理解自身以及我們周遭的一切。面對各色人事，我們通常仰賴本能、揣測、假設，科學卻有助於撥雲見日，提供解答。

　　我以前得將人與人類行為當作外國語言來學習，因此認清，原來稱自己外語流利的人，也並非必定能淋漓運用所有詞彙與通達所有文意。我深信，這本我不得不為自己撰寫的使用說明書，有助於各位釐清構成人生經緯的人際關係、社會環境、進退維谷的窘況。

　　打從我有記憶以來，主宰我生活的就只有一個問題：如果你不是天生就能與人建立連結，該怎麼辦？我無法憑本能體會到愛、信任、同理心，但我迫切想要感受到，所以我成了自己科學實驗的活體受試者：測試那些能讓我成為人類的話語、行為、想法，若無法成為人類，至少，也能成為同物種之中能自

理生活的成員。

　　我在追尋這份目標時,一直以來都很幸運,家人、朋友、老師都很照顧我,不吝給予愛與支持(有人則吝惜給予愛與支持,各位之後會讀到)。由於我在人生享受到各種禮遇,希望在此分享自身經驗,告訴大眾,以「差異」為出發點的話,哪些事情可能辦得到,哪些事情可以達成。我得的亞斯伯格症(常與高功能自閉症混為一談),反而讓我變得太「正常」,不像刻板印象中的自閉兒,又太特別而不像神經典型人,因此我將自己視為溝通大使,為這兩個我所處的世界搭起橋梁。

　　我也知曉,改變人生的要件,就是察覺到有人看見我,有人理解我,要意識到自己是人,有權做自己:事實上,是有責任做自己。人人皆有權與他人連結——心聲有權受到傾聽,言語有權受到重視。尤其,那些本質上與本能上都難以與他人連結,又為此拉扯撲騰的人,更是如此。我期冀透過本書所述的經驗與想法,得以強調我們身為人皆有共通點的重要,並提供找出共通點的新鮮方式。

　　是故,我誠摯邀請各位,和我一起踏進這個由亞斯伯格症、ADHD交織而成的怪奇世界。待在這個世界,固然感覺怪異,但想當然耳,絕對不會沉悶。記得帶上筆記本,把你的耳機也打包帶上——耳機倒是很少離開我的耳朵,我對外在世界感官超載(sensory overload)的時候,耳機能有效替我阻隔紛紛擾擾。而有了這副耳機,就代表你準備好了。起而動身吧。

第一章

如何（真正地）擺脫箱型思維

機器學習與制定決策

「你沒辦法幫人編碼的啦，小蜜。基本上是不可能的。」

當時我十一歲，和姊姊莉迪亞（Lydia）爭論不休。「那為什麼我們都會思考？」

這件事當時我本能知道，但要到幾年後我才能適當理解：我們人類思考的方式與電腦程式其實沒有差很多。正在閱讀這段話的各位，目前都正在處理思緒，如同電腦演算法擷取並回應資料：指令、資訊、外在刺激。我們將資料排序，藉此做出有意識與無意識的決策，並分門別類待後續使用，如同電腦檔案資料目錄，按照優先順序儲存。人類心靈是超脫不凡的處理機器，蘊含的力量令人驚豔，是我們這物種無與倫比的特色。

我們頭腦裡都內建這種超級電腦，儘管如此，每天還是不免腦袋打結（要穿什麼衣服出門，電子郵件內容要寫什麼，午餐要吃什麼，這些問題誰沒煩惱過？）。我們會說，我們不知道該想什麼，我們會說，那麼多資訊、那麼多選擇，我們無法招架。

有大腦這種力量超凡的機器可用，就不該出現這種事啊。

若欲改善決策方式，就必須善用這個專門用來制定決策的器官。

用機器替代人腦大概不是好主意，機器缺乏創造力、適應力、情感透鏡，但可以教導我們許多有效思考與制定決策的方式，透過研究機器學習的運作原理，可以了解處理資訊的各種方式，進而微調制定決策的途徑。

電腦決策方式提供許多實用妙招，本章將逐項探究，不過，也有異乎尋常、違反直覺的教訓。各位可能以為觀察機器學習機制後，會把我們推向更有條理、更有結構、更為專注的方向，有利於切入判讀資訊，做出更良好的決策，事實上，是反其道而行，演算法的厲害之處在於其「非結構化」的能力，可於複雜性與隨機性之中茁壯，面對事態變化亦可有效回應。說來諷刺，面對複雜現實，機器僅視其為整體資料集的某一部分，人類的思考模式反而才是傾向從眾、直接，企圖逃避。

我們需要的是機器清楚分析的能力，對於從不可能簡單或直接的事物，更願意複雜思考。現在該輪到你承認電腦比你更樂意突破窠臼思考了。不過，也有好消息：電腦可以教導我們如何辦到。

機器學習：基礎概念

聽到大家談論機器學習這概念的時候，可能有四個字也常搭配出現：人工智慧。其形象通常描繪成科幻界下一個最大噩夢，不過，與人類已知最強大的電腦，也就是待在你腦殼中的

那顆相比，人工智慧不過是滄海之一粟。人腦能有意識地思考，有直覺，又富含想像力，使其有別於任何設計好的電腦程式。電腦演算法的能力出奇強大，能處理巨量資料，並依據設定辨識出趨勢及模式，可惜，有其局限。

　　機器學習是人工智慧的分支，概念很簡單：先輸入大量資料至演算法中，供演算法學習或偵測出模式，接著將演算法套用至所灌輸的新資訊之中。理論上，輸入的資料愈多，演算法愈能理解並解讀未來出現的相等情況。

　　機器學習促使電腦分辨出貓與狗的差異，研究疾病的本質，預估一家庭（甚至全國電網系統）在某段特定時間內需要的能源，更別提還在圍棋大戰中智取職業棋士。

　　這些演算法處理的資料量好不真實，又無所不包，就存在於我們生活周遭，不管是網飛（Netflix）推薦你看的影片，銀行判定你可能遭到詐騙，還是電子郵件注定進入你的垃圾信件匣，都有演算法運籌帷幄。

　　雖然演算法比起人腦似乎遜色不少，甚至可說是無足輕重，較為初階的電腦演算法卻也值得挖掘，可以教導我們更有效使用腦袋這顆心靈版電腦。欲了解箇中奧祕，不妨一起看看機器學習領域最常見的兩種技術：監督式學習與非監督式學習。

監督式學習

　　監督式機器學習意指心中有個特定結果，為了達成該結果而設計演算法。有點類似某些數學課本，你可以在課本後面查

到答案，但棘手的事情是得努力寫出算式。之所以稱為監督式，是因為身為程式設計師的你知道答案應該是什麼，面對的挑戰是如何確保你寫的這個演算法，輸入各式各樣的訊息後都能找出正確答案。

　　舉例而言，如何確保自駕車套用的演算法一定能辨識出紅燈與綠燈的差異，或能從外觀分辨出行人；如何保證所使用的演算法，足以協助癌症篩檢與診斷工具正確判定出腫瘤。

　　這種方式稱為「分類」（classification），為監督式學習的主要用法。基本上是透過分類讓演算法正確標記事物，並證明該演算法得以運用於各種現實狀況，且具一定信度（之後逐步改善）。監督式機器學習造就極具效率的演算法，應用方式也林林總總，但實際上，這些演算法不過只是運作極為迅速的排序與標記機器，使用愈多次，成果愈理想。

非監督式學習

　　相較之下，非監督式學習的出發點並非預先想好應得的結果，沒有正確答案可以讓演算法按照指示求取。不過，所設計的演算法是用以分析資料，辨識出固有模式。舉例來說，如果手邊有一組選民或客戶的特定資料，希望了解他們的行為動機，或許可善用非監督式的機器學習技術，偵測並呈現出相關趨勢。特定年齡層的人是否會在特定時間到特定地點購物？是什麼讓此地區的選民團結一心，投票給該政黨？

　　以我的工作為例，為了探究免疫系統的細胞結構，我利用非監督式機器學習技術，辨識出細胞族群的模式；換句話說，

我想要找出模式，但並不知道模式是什麼，也不知道從哪裡切入，因此利用非監督式的機制。

這種方式稱為「聚類」（clustering），意指依據共同的特徵與主題將資料聚集在一起，而非以預先設定好的方式將資料分為甲類、乙類、丙類。若知道自己想探索某一廣泛的領域，卻不曉得如何著手，甚至不曉得該在浩繁的現有資料中確認什麼，便適合利用這種聚類的方式來梳理脈絡。若不想為資料冠上預先設定的結論，只想讓資料自行呈現結果，這種方式也適用。

制定決策：箱型圖與樹狀圖

說到制定決策，也有個類似前述方式的選擇。我們可以自主設定幾種可能的結果，再從中選擇，自上而下探索問題，從希望得到的答案開始檢視，有如監督式的演算法，例如，企業判定應徵者是否具備特定資格與一定資歷。或者，可從證據著手，自下而上爬梳細節，讓結論自然浮現，這就是非監督式的途徑。同樣以徵人的例子說明，雇主可能會從既有的證據考量應徵者的優點，包括個性、可轉移的技能、對工作的熱忱、興趣與決心，而不是依據某種已經預設的狹隘標準。對於自閉症者而言，自下往上的途徑是第一座停泊港，因為我們得先聚集所有精心整理過的細節，才能推演出結論——事實上我們必須先看過所有資訊與選項，才有可能接近結論。

我喜歡將這兩種途徑比喻成製作箱子（監督式決策）與種

植樹木（非監督式決策）。

箱型思維

　　箱子就是個教人放心的選項，可將所有手邊的證據與替代做法聚集起來，成為簡單俐落的形狀。你看得見每一平面，每種選擇一目了然。你可以製作箱子，一箱箱堆起，站在上面。箱子具有相同特質，一貫，有邏輯可循。箱型思維則是整齊俐落：你知道你的選擇有哪些。

　　相形之下，樹木是自然生長，有時候會失去控制。樹上有許多分枝，樹枝上掛有一叢叢葉子，本身就隱含了各色各樣的複雜性。一棵樹木可以帶領我們伸往各種方向，其中許多方向可能證明是死胡同或不折不扣的迷宮。

　　所以哪一種比較好？箱子還是樹木？事實是，兩種都需要，但真實情況是，大多數人都困在箱子裡，從沒爬上決策樹的第一根樹枝。

　　當然我以前也是這樣。我以前用的就是箱型思維，徹頭徹尾，面對那麼多不理解也無法理解的事情，只能緊抓著每一個可以掌握的片面資訊。週間早上十點四十八分吐司的焦味飄揚而出，女學生小圈圈八卦來八卦去的聲音，我在雙雙夾擊之間，沉浸於自己的消遣：電玩與閱讀科學書。

　　在寄宿學校這些年月，夜復一夜，我會陶醉於我的獨處時光，閱讀科學與數學，抄寫段段文字。我深深信賴的使用說明書。一本本的科學書，我一再閱讀、抄寫，閱讀、抄寫，深深享受箇中樂趣，大感放鬆，雖不明所以，投入的精力卻漸次加

強，只為達到某種引力般的思慮，助我釐清眼前的現實。我控制得了的邏輯感。我的讀物替我形塑了金科玉律，無論是「正確」吃法、「正確」交談的方式，還是從這間教室移動到另間教室的「正確」移法，應有盡有。我陷入這種慣例，知道我喜歡的，也喜歡我知道的——而一連串的「應該」反流至我自己身上，因為這些「應該」感覺起來安全可靠。

　　我沒坐在書堆裡的時候，就在默默觀察：乘車時背誦車牌號碼，晚餐桌上思索大家指甲的形狀。身為學校局外人的我，會固定使用現在我已知道叫做「分類」的方法，探查進入我世界的新人物。這社會充滿不成文的規則與行為，對我來說費解難懂，大家合群要合去哪裡呢？引力會將大家吸往哪個群體呢？我可以將大家放進哪只箱子？幼時的我甚至堅持要睡在紙箱裡，日日夜夜，享受蝸居的安全感（媽媽則是從紙箱裡割出的「貓門」中遞來餅乾）。

　　我是以箱子來思考，希望了解萬事萬物以及所有身邊的人，還安撫自己說，我累積愈多資料，就能做出更好的決定。但由於我處理這些資訊時缺乏有效機制，只見一只又一只箱子堆積起來，儲滿無用之物：彷彿囤積癖狠不下心丟棄的垃圾。我會因為這種處理資訊的過程而幾乎動彈不得，有時是太專注於身體到底要保持在哪個角度，而反覆掙扎，不想下床。心頭疊起愈多存有不相干資訊的箱子，就愈來愈迷失方向，愈來愈欲振乏力。每只箱子看起來一模模一樣樣。

　　我的心靈也會完全從字面解讀資訊與指示。有一次，我在廚房幫忙，媽媽要我出門買點食材。「妳可以幫我買五顆蘋果

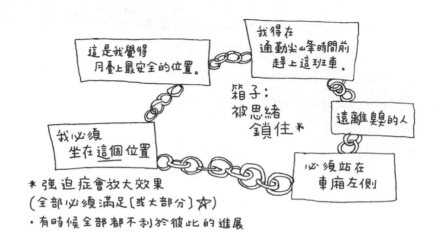

嗎？如果有賣雞蛋，就買個一打回來。」結果我帶回一打蘋果（店裡真的有賣盒裝雞蛋），不難想見她大發雷霆的模樣。我的箱型思維，讓我無法逃脫這種從字面上全然套住自身的指示枷鎖，現在的我仍難逃魔掌：例如，我一直到最近都還深信，真的有一所「人生大學」[1]可讀。

　　分類是強而有力的實用工具，有助於我們立即決定要穿什麼衣服，要看什麼電影，但也緊緊掐住我們處理與解讀資訊的能力，光靠分類，難以善用過往經歷的證據指引未來。

　　我們為自己的生活分類，整理成箱子，就會關閉太多小路，局限了可能發展出的結果。我們只知道一條上班的路線，只知道怎麼做幾道菜，只知道一些地方可去，對於已知的事物

1　譯註：人生大學（university of life）為英國俗諺，作者在此特別大寫為「University of Life」。意指人生如大學，可學習、成長，等於中文裡常說的「社會大學」。

以及人生中已蒐集的「資料」，箱型思維限制了視野，沒讓我們有太多空間以不同角度看待事情，沒讓我們有太多空間釋放先入之見，沒讓我們有太多空間嘗試新鮮與不熟悉的事物。就像是每次到健身房都做相同的事，不過是心靈版的：身體會逐漸適應，健身成效愈來愈不亮眼。為了達成目標，我們必須持續挑戰自己，衝破那些把我們關得愈來愈久的箱子。

箱型思維導致我們將每項決策視為絕對正確或絕對錯誤，並據此貼上標籤，如同一項能辨別出倉鼠與大鼠的演算法，沒有為細微差異、灰色地帶或是尚未考慮、尚未發現的事物留下空間，但我們實際上可能會喜愛或擅長這些事物。以箱子來思考的我們傾向的分類方式為：喜歡的、這輩子想要的、擅長的。我們愈接受這種分類方式，就愈不願意跨出類別界線，測試自己。

況且，這種分類方式基本上很不科學，是讓結論主導可用的資料，但應該要讓資料引導出結論，除非你真心相信沒看過證據就知道生活中每一個問題的答案，否則箱型思維會限制做出好決策的能力，握有清楚限定的選擇，感覺起來可能還不錯，但或許只是安慰你的假象。

這就是為什麼我們得屏除大部分用來做出決策的箱型思維，利用非監督式演算法學習一兩件事情（或者，如果你喜歡，可以回到童年找些樹來爬）。

你或許會很驚訝，我竟然推薦亂糟糟的非結構式方法，把看似整齊有邏輯的方式擺在第二位。科學式心靈難道不會比較青睞簡潔有邏輯的方式嗎？這個嘛，不會。事實上，相反。因

為，樹枝雖可能叢生雜長，本質上卻比箱子尖稜的角更貼近真實生活。雖然箱型思維可以立即處理資訊並加以囤積，讓我的ASD需求得到安慰，但隨著時間推移，我已逐漸體悟到，若要理解我生活周遭的世界，並以自己的方式摸索查探，聚類方式顯然更為實用。

我們都在不一致性、不可預測性、隨機性之中跋涉前進，但這三種，都是生活的真實面貌。在這種情境下的生活，我們得做出的選擇通常不是二元分立，得考慮的證據才不是整整齊齊堆成一疊。箱子涇渭分明的邊框是令人安心的錯覺，生活中可沒有事情如此簡單直截。箱子是靜態的，沒有彈性，生活則為動態，變動不斷。相形之下，樹木持續演進，正與我們無異，箱子只有幾條邊框，樹木卻有許多分枝，讓我們設想更多不同的結果，反映出我們都有的多重選擇。

最重要的是，樹木在理想情況下可以延伸、拓展，得以支持我們的決策。作為碎形[2]的樹木無論從遠處還是近處觀看，問題多大、多複雜，皆能符合其目的，雲朵、松果，或是我們在超市細細賞玩卻從未買回家的羅馬花椰菜等，無論規模大小，從哪個角度觀看，皆保有相同的結構。箱子因外型而受限，關聯性可說完全是稍縱即逝，但樹木不然，可以從各處、各段記憶、各項決策伸展出分枝，能在不同的情境、不同的時

2　譯註：碎形（fractal）為特殊的幾何圖形，用來描述自然界許多圖像，例如雪花、山峰、花朵，特徵為自我相似。碎形幾何學於一九七五年由波蘭籍數學家曼德布洛特（Benoit B. Mandelbrot, 1924-2010）提出，英文的fractal也是他自鑄的新詞，源自拉丁文「fractus」。

間點運作。你大可將鏡頭拉近，查看單一問題，或是規畫整段人生的情節，樹木仍會保留基本的形狀，成為決策過程時備受信賴的同伴。

科學教導我們全心接受複雜難解的現實狀況，不要期待能抹除這些狀況而文飾太平。我們僅能了解——接著決定——是否要探索、質問、調和那些並未整齊相稱的事物。若希望決策方式變得更科學，就意味著必須先接受紊亂，才能偵測出模式，進而期望得出結論；代表我們思考時必須更像樹木。容我展示實際情形。

樹狀思維

樹狀思維一直是我的救星，讓我得以在日常生活中運作，做一些對多數人來說看似正常的任務，例如通勤上班就很容易成為我難以跨越的障礙。我可以因為任何意料之外的人群、噪音或臭味，或是任何事情不如我預期的走向，就情緒崩潰。

雖然ASD意指我渴望確定感，但不代表直截做出決策的方法對我有用。我想知道之後會發生什麼事，但不代表我已經準備好接受從甲地到乙地最直接的路線（而且從經驗以及持續不斷的焦慮感看來，我知道這條路線絕不輕鬆），恰好相反，因為我得努力制止自己的心靈依據所見所聞奔馳過各種可能性。在我的世界中，約會錯過，訊息未回，時間感消失，都起因於我瞥見烏鶇之類的動物歇在屋頂上，好奇牠怎麼會到那裡，下一站又往哪去；或是我注意到下過雨後的路面聞起來像葡萄乾，不小心分了心，結果差一點就與燈柱來個親密接觸。

　　你注意到的世界只有這些的一半。我的心靈是萬花筒，充盈著未來的可能性，全都源自於我的體察，這就是為什麼我有一大堆咖啡店的集點卡，全都集滿，卻從未拿去兌換。我無法決定哪一項風險比較大：未來的我會有比現在的我還更需要集點卡的時候，還是，我有機會兌換之前連鎖店就會先消失。淨效應是，啥事都沒發生（姑且說明一下：我不覺得這些想得天邊遠的預測有錯。這些事只是還沒發生，但仍可能發生）。

　　再加上我有ADHD，代表我的時間是壓扁的、延伸的，而且有時候，時間感知會完全消失。資訊疾速從你心頭飛掠而過，雙腿靜不下來、顫抖不停，感覺像是在一小時內領教了一星期的思緒與情緒：從狂喜至頹靡，猛烈震盪，這一刻以為事情好上雲霄，下一刻墮入地獄。不適合用來製作待辦清單。

　　同理，我仰賴混亂的環境來維持生產力。我會把紙攤得到處都是，所有在手邊的東西都可以寫上筆記，只是讓素材堆在我身邊，嵌入房間裡的白噪音之內。這種「混亂」使我大受啟發，像一臺雜草修剪機從我心靈裡永不停歇的噪音間橫開過去，促使我保持專注。和大家在學校所學的不太一樣，我覺得安靜並不能幫助我保持專注，反而會製造壓力，只會綁手綁腳，成不了事。

　　我的大腦渴求確定感，同時也因混亂而滋養。我從小就得發展出維持自己正常運作的技巧，要既能滿足我全面思考的需求，又能滿足我生活中對於秩序的渴望，我必須知道自己將身在何處、又是何時抵達。此時樹木就派上用場了。

　　決策樹護持我抵達某種盡頭，可能是某種潛在的結果，但

至少我知道這些結果是什麼——途徑有時雖混亂，但終究有結果。決策樹奔馳過無窮可能性的同時，提供了結構，使我獲悉心靈無論怎樣都會使出的路數。這種做法對我來說很實用：我可以獲得結論，知道哪些決策可以帶來確定感，也會避免我把所有雞蛋放在同一籃子裡，有時可藉此讓我在表面上降溫，得以稍微漠然置之。

　　試想早上通勤的情景。我得搭火車，穿過大半個倫敦，對我來說，這段路程有焦慮發作蟄伏其中，伺機襲擊，擁擠不堪的車廂、噪音、氣味、窘迫的空間。決策樹卻有助於降低情緒崩潰的可能。我知道我該搭上哪一列火車，接著考量如果火車誤點或取消，或是我因此遲到的話，我要做什麼；我知道我想坐在哪裡，如果座位上有人，或是太吵，我要做什麼。通勤路程上，所有可以確保我免於情緒崩潰的事物，我都會逐一思索，包括，避免擠成沙丁魚的正確時機、遠離車廂最刺鼻臭味的正確座位、月臺上站立的正確位置；接著，如果某件事可能不會發生，我就會快速盪上每條樹枝的分枝。我是只人偶，懸於一條條名為「可能性」的絲線上，可能性好似馬具指引我前行，讓我得以在各樹枝間調度。我的通勤路程沒有固定的規律，畢竟規律搖搖欲墜，壓力一來就應聲而斷。我有的是好幾棵決策樹，心中搬演了各種場景，大都從未實現；我可不希望遇到沒設想過的場景，很可能會把我嚇個半死。

　　我得先在內心跑過一遍盤根錯節的規畫方案，才能做出讓自己安心的決定，向自己保證旅途安全。決策樹明顯混亂有其必要，能協助我獲得所需的確定感，以便正常運作。

　　你很可能覺得也太費事了（你想的沒錯！），而且，我得明說，我可不是要建議你每天早上開始和我一樣軍事演習。我自己必須這樣做，否則我根本招架不了，連門都走不出去。不過，我確實認為這種方法有其重要性，有助於做出更複雜的決策──運用神經典型人的本能與方法可能會失敗的那種決策。

　　雖然我ASD兼ADHD的大腦面對的挑戰是不要因過度思考而癱瘓，但不過度思考也是個問題。對於每個重大決策的資料集，若你探索得不夠深入，又沒衡量過不同的可能性與結果，再加上決策樹上每根樹枝的決策會同時關閉、張開，結果雖是有效做出選擇，卻是在雙眼蒙蔽的情況下。誠然，我們無法預測未來，但多數情況下可以將足夠的資料點聚類，產出足夠的可能性，為自己布畫出像樣的樹狀圖。我每天撫平自己與制住焦慮的方式，或許對你來說很實用，可用來磨出人生中艱難的決定。有了決策樹，你可以從知道的事情開始擴展、尋覓，直到推演出決策──並非依據預定的結果而硬要往那方向發展，而是使證據自然引導出結論，得以思忖多重結果與蘊涵。

　　樹木也能釐清某些令人困惑的開放式問題。如果有人問我：「你今天想做什麼？」我會本能反射地回答：「我好像不知道耶。」這種問題偏偏大家很愛問，只是我需要一些特定的選項（樹枝），提供我一條路線，讓我從完全不受限的混亂之中限縮決策範圍；這些決策仍會開啟其他路線，繼續延伸、改道。樹木能將許許多多決策中固有的事件與變項轉換成路線圖，雖然可能會將每段對話轉換成叢林小徑，但至少讓我找得

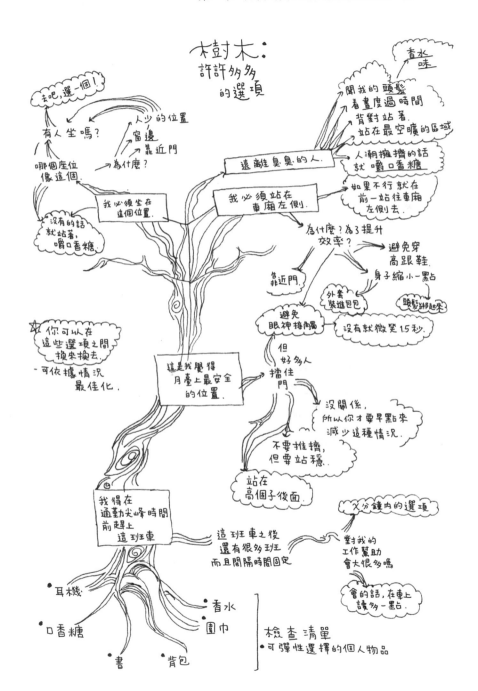

到方向前進。

　　相形之下，如果是箱型思維，我們通常會透過情緒與本能
來做出決策。情緒與直覺都不可靠，看看我就好：你想了解情
緒給你難堪後匆匆做出的決定長成什麼樣子是吧，我跟你說，
什麼都比不上ADHD厲害。真快活啊。

　　好決策通常不是由確定的假設之中浮現，而是由一般稱為
證據的混亂之中而生。你必須從基底開始，向上建造，一層層
往結論邁進，而不是直接從結論開始。這樣的話，你就需要一
棵樹，才能往上爬。

那要怎麼做決定？

　　你可能會想說，理論上，樹木一切都很美好啊，但有那麼
多樹枝，我到底要怎麼做決定？我們想像出那麼多美妙又複雜
的路徑，難道沒有迷路的風險嗎？

　　有，有風險（歡迎來到我的世界！），不過別擔心，機器
學習機制又是你的後盾。演算法本身也有很多寶藏可挖，我們
可以學到如何篩選大量資料並得出結論——恰恰好讓你知道在
日常情境中該如何應用樹狀思維。

　　任何機器學習的過程基本上始自「特徵選擇」（feature
selection），亦即，從雜訊中過濾出實用的資料。我們必須縮
小證據基礎的範圍，側重於得以引導我們的資訊，亦即，為之
後要執行的實驗設定參數。

　　實際上如何運作？方法各異，但非監督式學習最常見的方

法是「K-平均聚類」（k-means clustering），意指在資料集中依據相關程度建立指示性聚類。基本上，是將外觀相似或有共同特徵的東西集中，創造特定數量的聚類，接著用這些聚類來測試、發展假設。因為不知道結果該是什麼，所以能開放心胸接受各種結論，一開始也僅著重於可從資料推論出來的資訊，讓資料自己說故事。

　　這樣說來，真的和我們平時必須做出的決定很不一樣嗎？不管是無足輕重的選擇，還是扭轉人生的決定，我們向來都有可以檢視、測試、用來聚類的資料點。如果是選衣服，我們知道穿什麼心情會很好，穿什麼適合那個場合，他人可能會有什麼想法。如果是要不要到異國工作，資料點可能會是薪水、生活型態、親友圈、職涯規畫。

　　如果面臨的是莫大決定，你大概對自己說過「不知道該從哪切入」，那麼，不妨從特徵選擇著手——就算問題依舊棘手，也有許多可能性供考量，你也可以更踏實、更有能力找出答案。

　　你可先區隔出哪些僅是干擾，來找出絕對重要的部分，主要的決定因素是你對這些事物的感覺，包括現在的你和未來的你將有什麼感覺。再來，將具有共同特徵的事物集結成一群：是什麼讓我能從一階段進入到另一階段，或是什麼可以滿足我的特定需求或達成特定目標。有了這些聚類，就可開始建立決策樹的分支，檢視資料點彼此關聯的程度。這個過程有助於展現出你真正要面對的抉擇，相對於那些占據你心頭最前線而想

優先處理的選項（或許肇因於錯失恐懼症[3]，或是你可能害怕社群媒體上的陌生人對你品頭論足），畢竟這些因素存在於別人的決策樹上，跟你的決策樹不同，而且就是不能互相比較。

　　問題從來就不是上衣要穿紅色還黑色、要接受這份工作還是那份工作，這些選擇只是符號與措辭，用來表示你確實想要的事物。唯有將資料排序，建立自己的決策樹，才能爬梳眼前所有選項，並依據實質結果做出決策，例如，你得確認這選擇是否會令你感到喜悅、滿足？

　　我們都喜歡假裝這世界上的決策是斬釘截鐵的「是或否」，但實際上，決策向來都比二元分立的解答更為複雜。我們必須比唾手可得的選擇點更往前一步；對於該決策會產生哪些情緒、志向、期望、恐懼，都必須深入探勘，細細梳理各項資料之間的關係，得知其能引領我們步向何方。如此一來，我們才能比較實際看待某種選擇，釐清這種選擇能替我們實現什麼，又不能實現什麼；我們要少以散落於生活周遭的箱子為依歸，多依據生活中最重要的事物來決定重要事項。箱子即代表我們的情緒包袱與最直接的本能，通常棲居在那堆依社會期待而標上「應該」的箱子裡：你應該如何當人，行為舉止應該如何（「我年輕的時候應該要探索世界」，「我應該要安定下來，別接受國外那高風險的工作」）。從這方面來說，心理健康的

3　譯註：錯失恐懼症（fear of missing out）簡稱FOMO，意指因為覺得可能錯過眾人參與的事件、經歷等，或懷疑錯過什麼重要訊息而做出錯誤決定，進而產生焦慮不安。在網路便捷的時代，不停滑手機、刷新社群媒體消息，很可能就是症狀。

各種變異通常視為輸了場戰役，因為這些變異自然會逼迫與挑戰這類箱子。

　　我們也可以從機器學習的過程學習如何使用證據。特徵選擇與K-平均聚類讓你踩上起跑線，不過就護送你到這兒了。要抵達結論終點，必須有一整套額外的測試、迭代、修正等步驟。科學領域中的證據是用來測試的，不是拿來像刻上〈十誡〉的石板到處張揚。你立下假設，才可以提出疑問，進而改善；無論假設可能看起來多麼具體可行，也不該用來當作亙古不變的人生指南。

　　在人生中，應該用同樣的基準看待證據這回事。你當然可以求取貌似欣欣向榮的一段樹枝，但真正開始追求前，可別鋸掉其他樹枝（鋸掉其他樹枝基本上就代表你聲明某一選項是「對」的，其他選項「不對」）。你認為是想要的選項，就去做實驗，一旦結果不盡人意，你也該願意回溯該假設並加以調整。樹狀結構的美妙之處即為，我們在樹枝之間能輕鬆前進後退，反之，若橫越表面上看似各不相干的箱子，則只拾得惶惶不安，前方並無清楚明晰的路徑，最終撤退也無可避免。任何資料集都包含固有的模式、隱藏的真相，還有完全用來轉移焦點的線索，我們的人生則毫無二致，布滿了前行的步道、岔路、死路。將證據排序，便可清楚知道該求取哪一個選項，但信誓旦旦說絕對不可能走回頭路、再試一次，這就不必了，人生可不是線性的，而是長滿分支，我們需要某種想法模式來對應現狀。

　　聽起來可能太隨意，事實上遠比漠視證據便做決策又執意

繼續的方式還更科學、更永續，我們能如打造機器的方式一樣
設定人生進程：更精準，也更願意測試、學習、調整。這也是
能一步步改善的事情：我們年紀漸長，積攢更多資料，足使腦
袋裡長成更成熟、更龐雜、更能反映現況的決策樹——建築師
繪出的房屋必定比孩子的繪圖更精密對吧。

　　好消息是，你很可能已經在做一些些讓自己的繪圖更精密
的事了。社群媒體已經讓所有人內心的科學家曉得如何發布最
完美的相片。哪個角度，哪些人與物件的組合，一天哪些時
刻，哪種主題標籤？我們觀察、測試、一次又一次嘗試，逐漸
精通這門藝術，記錄完好的生活，讓這個世界看見。如果你可
以在Instagram做到這件事，當然在人生中也做得到。

學習接納誤差

　　我們善用這種決策方法，透過樹狀思維或非監督式的途
徑，將混亂與複雜融入我們的心理模型，就能依據可用的證
據，發展出更實際的方式來預測事件與做出決策。

　　這方法挺實用，不只是因為可擴充、具備彈性以及能更清
楚再現出人生中複雜的現實，更是因為事情不順利時——或是
我們自己認為事情不順利的時候，我們可以更有能力回應。

　　直言不諱地說，就是這種時候，科學比人性更能妥善因
應。如果你是生物化學家或統計學家，誤差不會惹你煩憂，因
為你承受不起煩憂的後果；誤差可能會讓你七竅生煙、曠日持
久，但也不可或缺、引人入勝。科學因誤差而蓬勃發展，有了

誤差，固有的假設才能微調、演進、修正，唯有透過異常值、離群值，才能全面了解所研究的細胞、資料集、數學問題。

統計學利用標準誤差當作基本原則，建立在必定有事情不符期望與預測的假設上。機器學習領域的「雜訊資料」，意指資料集裡某些並未真正提供實用資訊的資料，或是無法幫忙整理出實質聚類的資料。唯有確認系統中的自然雜訊，才能提升大數據群組的效能；除非投身探究並了解雜訊、誤差、平均偏差，才能進一步最佳化。畢竟，某一情境中的雜訊通常是另一個情境中的訊號；因為訊號並不客觀，是依據個人追尋的事物而定，概念很類似某人的垃圾是他人的寶藏。如果科學家不接受必須要有誤差這事，對那些與其假設牴觸、使其無效的事物不屑一顧，就不會出現開創先河的研究。

另一方面，如果事情沒按照計畫發展，一般人卻比較不那麼樂觀。火車誤點或取消，就沒有那麼多通勤的人高興搬出標準誤差的說法，因為我們一直以來受到的訓練是，看待誤差得透過情感透鏡，而非科學透鏡。一般都不會多想，就將誤差斷言為範疇錯誤，總結為該系統無法運作，或是認為該決策既然最終落得此地，即是錯得徹底。可是真相通常比較平凡無奇：火車大部分都準時；而在大多數可預見的場景中，你的決策可能造就殊異的結果。

體驗到某種挫敗，並不足以用來證明一切失敗，也不足以用來推論出某系統或決策就該全盤棄置。綜觀歷史，若科學家與技術專家都如此看待誤差，人類的成就可能只會是現在的一小部分。在日常生活中，當事情發展不順利，人才會活起來

——無論是因為火車誤點而暴跳如雷，抑或是因為陌生人搶走你最安心的候車位置。

對於誤差產生的膝跳反射，是箱型思維其中一項主要缺陷。我們很像是監督式演算法，對每個資料點與狀況皆指派了二元分立的性質。是，否。對，錯。倉鼠，大鼠。我們的能力有其局限，無法在適當的情境下看待問題，使得誤差看來像是至關重大的要事。火車班次取消所以我一整天毀了。我們的能力有限，因此創造一種置人於危險境地的錯覺：決策必定非對即錯，而棘手的問題是要在對錯之間做出站在懸崖邊緣般的抉擇（十足箱型思維）。以我的例子而言，二元分立的解答通常會導致一種挫敗——錯過火車了——讓我整天都脫軌，計畫出岔子，情緒即如瀑布般奔瀉而潰堤。

由於現實更加錯綜複雜，思考問題、做出決策的技巧也得更加細密入微。若是箱型思維，事情發展不順利時，你就無處可去，唯一的選擇是將其貼上失敗的標籤，再從頭開始。有了樹狀思維，圍繞你身旁的是一段又一段樹枝：你腦中鋪設的無數前方路徑。轉換路徑簡單多了，也有效率多了，因為你並未把籌碼全押在單一個希望取得的結果上。你已經為這種最終結果做好了規畫，也備足值得一試的備案。結論可說是違反直覺。

機器學習機制可以協助我們在評估眼前決策時，較少機械化，較多人性，也教導了我們，有「錯誤」很正常，是在真實資料中固有的。就算有真正的二元分立選擇，也相當罕見，並不是事事皆可套入一種模式，也不是事事皆可整合成俐落且無

可辯駁的結論。事情有例外，才是常規。機器學習的觀點讓我
受益匪淺，原因並非是機器學習機制過濾掉人性固有的隨機性
與不確定性，而是因為，其比大多數人都還容易接受這兩者，
也提供汲取這兩者精髓的方式。我知道哪些情況令我膽怯，機
器學習機制便可協助我事先思量，我也做了較充足的準備，得
以應付事情發展不順利的時候。

　　樹狀思維至關重大，因其反映了生活周遭的複雜性，亦有
助於我們強化適應力。箱子一讓人直跳而上，只會受損，遭永
久棄置一旁，決策樹卻可歷經晴雨，比箱子存在得還長久，宛
如雄壯威武的橡樹，上百年來屹立不搖。

第二章

如何真誠接受你的怪

生物化學、友誼與差異的力量

說我從來都沒融入學校生活，可能有些輕描淡寫了。

可能是因為我有個專屬的大人導師，每堂課都坐在我旁邊，可能是因為老師說了個詞嚇到我，我就很容易情緒崩潰，可能是因為我的神經會不自主抽動。我也無法想像，我對超大一管抗菌藥膏的癖好，能對這狀況有什麼幫助。

從太多方面來看，我都與同學格格不入。有多少學童像我一樣需要開除人？（我十歲時，來幫忙的新人有教我難以忍受的口臭。）

由於小孩子最喜歡的莫過於攻擊外人，通常會變成開放狩獵本人的季節。「你是瘋子。」「她是外星來的。」「你應該要住在動物園。」（我個人最喜歡動物園那句。）

聽起來好過分啊，你大概會這麼想。從某些角度來看，我想，是真的很過分。我一開始明白那些刻毒言語與圈內笑話後（因為我通常得花好幾個小時才會真的理解那些言語為什麼惡意滿滿），會把頭埋進棉被，號啕大哭，伴著耳鳴，在柔軟安

靜的被套之內,熱騰騰的血打進雙頰,直到臉龐髒兮兮,頭髮黏答答。

　　但從某種關鍵而獨到的角度來看,這樣反而很棒。因為,所有把我從遊樂場社交圈擠掉的事情,也賦予我一組其他人都沒有的鎧甲。我花了很長時間才體認到這點,但這種差異其實替我裝備了極大優勢。我對同儕壓力免疫,不像這星球上許許多多神經典型的青少年(相信我,我很努力不讓自己免疫)。

　　可不是因為我情操高尚或判斷力優越,我並不是反社會現狀,只是沒辦法理解。不過我對參與群眾的沒興趣,卻讓我得以自由觀察群眾的節奏;我的觀察可是非常仔細。午休時間,我會坐在遊樂場一旁高地的長凳上,觀察不同的小圈圈與小眾文化,有摩肩接踵完一場足球賽的那群,有老是盈滿尖叫聲、笑鬧聲、忙轉個不停的那群,還有在邊緣遊晃的兩三人小群,從我高高的座位處,可以看到遊樂場上各族群的生態系統。

　　眼前所見卻教我疑惑。太多矛盾之處了,尤其是個人的性格與團體的互動。為什麼人會因為身旁的人或特定的情境,行為舉止就格外不同?為什麼我看見的是男孩受到社交圈平均值的吸引,模仿彼此行為,連小細節如聲調、髮膠的量都趨向一致?如果你曾疑惑為什麼某個朋友與新朋友互動時,舉止突然不太一樣,我的感受,你也能體會:你以為自己認識的人卻突然開始假扮成另一個人,真難懂。

　　這些隱而不現、違反直覺的社會連結,對我一點吸引力都沒有。我可以透視看似隱形的友誼貨幣交易正在進行,而且與那人原本的個性並不對稱:他們正在改變外觀與行為的特點,

僅是為了模仿那些想打好關係的新朋友。但我無法理解為什麼、也無法明白什麼逼使人放棄某一部分的自己，只為了加入社會上的團體。我觀察的那些人如果成為社群動物，並不會讓他們做自己，其實是磨損了自己的獨特個性與喜好。

　　僅透過觀察人群，沒辦法讓我真的為人類行為建構模型，資料太多了，我無法適當掌握。不過，後來有了重大突破，但不是在遊樂場，也不是在實驗室埋首研究，而是某個週末，在交誼廳觀賞足球賽。

　　我沒那麼仔細注意球賽，倒是花較多心思觀察球員。有些球員不停溝通，互相吼叫，打成一片，有些則待在負責位置，只專注於分內之事。有些球員一直在球場內到處奔跑，有些大部分都守在分配到的固定區域。這是一支足球隊，但集結了形形色色的個體，隨時回應變化多端的狀況，大家都帶著自己的技能、個性、觀點，為這群體貢獻一己。不僅是二十二個人踢著一顆足球，在球場上四處移動，更是人類行為的實驗；實驗儘管有其局限，卻足以獲致實用的結論，比起任何在試管內設計的實驗還有意義得多。

　　我雙眼睜大，樂不可支，頓悟了箇中真諦：這種互動行為事實上正足以為人類行為建立模型。我倏地起身，幾乎是狂吼：「他們就跟蛋白質一樣！」Eureka[1]！我感覺自己剛剛踢進

1　譯註：「Eureka」為古希臘詞，意思是「我找到了」。據說當初希臘數學家阿基米德接受國王委託要計算一頂王冠中黃金的純度，但百思不得其解，瞬間靈光乍現，喊著這個詞一路裸奔回家。

了制勝的一球，但其他人看起來不像滿心歡喜地準備好包圍住我。茫然不解、憂慮不安的臉龐轉過來，回瞪著我。「小蜜，好好看比賽。」

興許為生平首度，從我可理解的透鏡來觀看人類行為。足球隊員各司其職，這種非比尋常的模式讓我聯想到蛋白質分子的合作如此有效，得以維持身體運作正常。

蛋白質也是其中一種最具學院風格的分子，因此是我們體內重要的分子。蛋白質各有各的角色，協助身體解讀內外的變化，傳遞訊息，最後決定行動。我們的身體之所以能運作，很大程度是因為蛋白質知道自己的角色，尊重同儕的工作，謹守本分。蛋白質團隊合作，但完全展現出自己的個性與能力，活力四射，界線卻分明，在團體中凸顯個體特色。我們擘畫人事與人際互動時，可將蛋白質視為新的模範生，依樣效法。蛋白質並無異於人類，會依據情勢回應，傳遞資訊，做出決策，接著付諸實踐；蛋白質卻又異於人類，是秉著本能互相合作，不會讓私人衝突、私人問題或辦公室政治阻礙工作進行，而且並不是讓自己「合群」，融入環境，而是順性而為，善用彼此截然不同的化學作用：接受相異的「類型」，相輔相成。

蛋白質的團隊合作模式，是將差異發揮得淋漓盡致，而不是一味壓抑，比起人類在社會情境下爭相追求同質性，渴望合群，可說是厲害太多。我們不以自己的獨特技能與個性為榮，不將這些當作差異化的因素，只管遮遮掩掩，究竟抹殺了多少優勢？

　　我們的奇特與差異不只可以讓我們成為自己，也可以促使友誼、社會團體與工作關係更有效運作。我們應該要對自己獨有的怪異引以為傲，但不只是因為感覺舒爽，而是因為有助於事情更加順利。你可以從我身上獲得例證。許多人以為ASD、ADHD、焦慮症替我設下重重障礙，但我卻發覺，這些病症才是我的超能力，賦予我珍貴而獨到的視角。而且正如本章稍後的說明，更美好的事情是，讓我了解蛋白質如何推動身體運作，學習如何運用自身差異。

蛋白質的奧妙

　　我很難描述我有多鍾愛蛋白質。蛋白質是美妙而混亂的演化模組，相互交織出功能網絡，造就生機勃勃的生物學。有些兒童的個性歸因於寵物或假想的朋友，藉此習得人類行為，而我也一樣，只是改從蛋白質看出個性。蛋白質與人類並無二致，舉止無可預測，亦非線性，相當活躍、功能多樣，容易受到變動環境影響，與像自身的蛋白質互動時也會改變行為。蛋白質與我的內心極為親近──此話，我發自內心。

　　人的類型不盡相同，蛋白質也各有殊異，類型繁多，功能令人目不暇給，共同協助維持身體運作，保護身體免陷入危險，扮演的角色則依型態與結構而定，一如人類大部分依據個性類型與生活經驗，在群體環境中執行各種工作，展現截然不同的社會功能。對照來看，蛋白質也有內向人與外向人，領導

者與追隨者，守門員與全能型中場球員[2]。

　　據此，蛋白質反映人類行為的方方面面，也有助於解釋箇中原因。不過，如此並非全貌。蛋白質並不會經歷同儕壓力或情緒起落，因此也可以將其理解成某種程度上理想的人類行為——由於蛋白質依據能量上最有利的事物而行事，著重在最立即的需求，不會因為情緒或自我意識而分心。蛋白質對小分子等級的批評一點都不感興趣，不必擔心是不是要融入同儕之中，還是追求一致性，反而可從自己的獨特技能獲得優勢，加以發揮個體的差異，集結團隊之力，達致目標。

　　蛋白質奠定了我對人類行為理解的基礎，這事並非偶然，畢竟蛋白質本就是所有生物化學的基本元素。不了解蛋白質的本質與行為，就無法了解細胞如何組成、突變、互動；除了水分之外，蛋白質是人體系統中含量最多的物質，若對蛋白質沒有概念，就無法了解身體運作的方式。蛋白質的功能多樣，可構成酵素有助於消化食物，構成抗體以對抗疾病，亦可構成分子（血紅素）在體內輸送氧氣，也是皮膚、頭髮、肌肉、主要器官的關鍵成分。

　　正如你所見，人類有了蛋白質，才擁有打造身體的基石。而以我來說，若不是多年前從了解蛋白質開始，至今遑論了解人類。

2　譯註：全能型中場球員（box-to-box midfielder），指支援區域涵蓋本隊禁區至敵對禁區的優秀球員，既可協助組織、防守，也可發動攻勢。

　　我對足球的直覺觀察未必都那麼好，自從亞歷克斯‧佛格森爵士[3]在二〇一三年退休，支持曼聯[4]似乎就沒那麼優。不過蛋白質與人類確實具有相似之處，我的觀察並沒有錯，經證實，這段頓悟是促使我長成現在模樣的重要因素，一如佛格森爵士對於曼聯長期以來的正面影響（可惜現在勝利的次數減少了）。

蛋白質四大演化階段

　　蛋白質除了是人類身體運作的固有功能，在行為與演化發展方面也與人類出奇相似。檢視蛋白質分子的各演化階段，並比較人類的演化階段，即可開始認清此點。

　　蛋白質的生命始於一級結構，在顯微鏡下有點像是煮過的一段義大利圓直麵，以不同方向纏繞，其原始設計便展現了彈性，不限於任何特定的結構，亦有能力擔任不同的角色。人類的消化系統中，沒有單一個蛋白質可憑一己之力分解我們放入體內的所有東西。分解主要的食物群，各需要不同的蛋白質：澱粉酶消化澱粉，脂肪酶消化脂肪，蛋白酶消化蛋白質（沒錯唷，有一種蛋白質就是專門處理蛋白質）。

3　譯註：亞歷克斯‧佛格森爵士（Sir Alex Ferguson, 1941-）於一九八六年至二〇一三年執掌曼聯兵符，獲譽為該隊史上最成功的總教練。

4　譯註：曼聯（Manchester United）全稱為曼徹斯特聯足球俱樂部（Manchester United Football Club），目前於英格蘭足球超級聯賽（Premier League）比賽。

　　當然，蛋白質除了作為一種成分，也具備自己的基石：胺基酸。一級結構是由胺基酸編碼的獨有順序而決定，而胺基酸編碼是由DNA中的基因序列事先決定——即生理學上的基本編碼。數百個胺基酸組成一個蛋白質分子，胺基酸內儘管只有幾種變化，細胞本身以及外觀（即phenotype，表現型）也會產生顯著差異，如眼睛顏色出現區別。

　　正如身為人類的我們一樣，某種程度而言，蛋白質的命運在創造之初就已經編碼了，而正如我們成長時會適應、會改變（是遺傳學與教養的產物），蛋白質也會適應現狀而變化。蛋白質摺疊與人類心靈表現出來的都是生化互動的微妙平衡，決定的因素結合了天生序列與周遭環境：先天與後天的交界處。蛋白質初始定序或許可以決定其方向，但真正的形式與功能在這個第二階段才變得明顯。對於大部分的蛋白質而言，最初的「義大利圓直麵」太過不穩定，無法正常運作，為此，蛋白質進展至第二種狀態，自行摺疊，形成更穩定、更多功能的三維結構，類似人類學習爬行、獨自移動的階段。

　　發展成二級結構，代表蛋白質往自身目標進入下一階段。以角蛋白（keratin）為例；角蛋白是羊毛、頭髮、指甲、鳥爪等物質的主要成分（所以仔細查看洗髮乳及潤髮乳成分的話，會找到α角蛋白）。在這第二階段，角蛋白不是形成α螺旋（彎曲捲繞的形狀），就是形成β摺疊。α螺旋的緊密與剛硬堪稱生物學上最堅實的創造物，β摺疊則較為鬆散、扁平、柔軟，可以在蜘蛛網、鳥羽毛、許多爬蟲類防水的皮膚表層上找到。

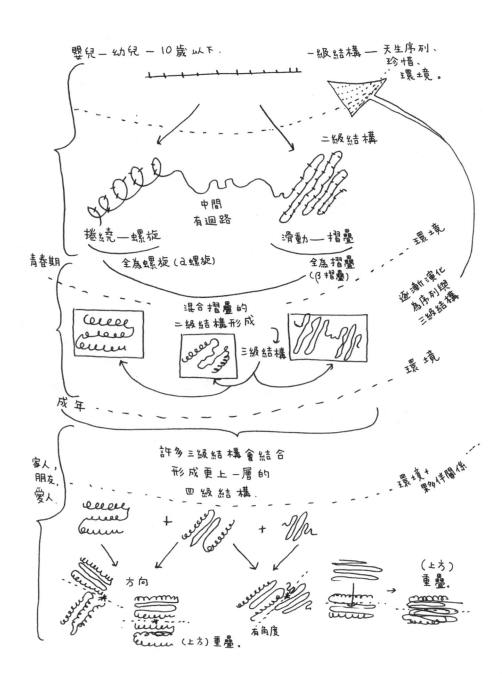

　　隨著時間流逝，二級結構會進一步與自身互動，組成更高層次的結構，更具特異性，符合自身序列與環境。肌肉裡含有兩種蛋白質，一種是較粗的肌凝蛋白（myosin），一種是較細的肌動蛋白（actin）。二頭肌若要收縮，兩種蛋白絲必須互動，肌凝蛋白會利用化學能，牽動肌動蛋白，使兩者滑過彼此，以產生收縮。這就是你可以用手拿起這本書閱讀的原理。

　　若要達到收縮，必須進一步摺疊製造出更進階、更具特異性的三級結構，此時蛋白質開始投入專精領域，更能適應特定職務，與我們許多人一樣，開始接受專業訓練，以利於擔任科學家、醫師或律師。

　　三級結構代表蛋白質發展進入最後一個階段，此時不會再摺疊成更複雜的形體，不過還是會繼續適應，與不同的蛋白質結合，執行各式各樣的功能。我媽口中說的，誰誰誰已經「熟了」，就是這個意思：從名為個人與專業發展的烤箱中出爐，成為功能完備的成人，準備好獨立飛翔，掌舵自己的人生。對於蛋白質以及人類而言，這是自給自足的時刻，準備好獨當一面，且與他人並肩攜手，有效合作。

　　蛋白質最後的四級結構反映的並不是額外發展的階段，而是代表蛋白質可以組成另一種型態，形成另一種鍵結。肌動蛋白若不需要協助肌肉做出動作，也會幫忙細胞聚合，在體內四處移動，因此在免疫系統中舉足輕重，有助於生成細胞組織，促進傷口癒合，是個多重功能的小角色：絕對是人體團隊中孜孜矻矻的全能型中場球員。

　　你是不是曾覺得，自己工作時和在家裡時是不同的人呢？

這就像是四級結構的蛋白質，適應不同的情況與環境，必要時扮演不同的角色，協助身體引擎順暢運作。身為四級結構的蛋白質是多才多藝的楷模，依據需求行使不同的功用，是我們所有人的模範，也容易促進我了解另一個令我迷惘的人類行為：為什麼人不是在每種情況下做法都維持一致？話雖如此，我深信蛋白質的這類演化還是比人類厲害：蛋白質毫不保留地改變形體與功能，我們卻經常受常規箝制，得掙扎一番，才能接受個人就是必須長大，還老是抗拒環境的變動，不像蛋白質那麼順應環境。

　　十五歲的我，觀察人群但難以理解人類，觀察蛋白質後，人類就日益分明。我將含有蛋白質的細胞放在顯微鏡下：觀察蛋白質演化與成長的方式，發現它們互動活躍，又順應情境。我們這些科學家可能喜歡將我們對蛋白質所知的一切及其運作方式定義並分類，但事實上，蛋白質本身也可以善變、反覆無常、難以捉摸，就和以蛋白質為基礎的人類如出一轍。

　　話雖如此，蛋白質是在組成團體的時候，才具有莫大優勢，獨自行事反而沒有；沒有情感衝動來誤事，不擔心他人的想法，能自由自在，以最客觀有效率的方式安排好自己。蛋白質團隊只有實際作為，不搞政治，全心全意，搞定工作。現在就來看看蛋白質的做法。

蛋白質的個性與團隊合作

　　大多數人會發現，朋友的個性林林總總，不一而足，有人

比較外向，有人比較內向，有人比較擅長溝通，有人比較諳於
採取行動，也有人比較熟悉表達同理心。還有人像我，得詢問
該擁抱多久才可以帶給人安慰（你既然問了，我就好心說，答
案是二到三秒，如果是因為分手肝腸寸斷，就抱個四秒）。

　　我們擔起的角色反映出自身個性，只是通常並未察覺。在
任一團體中，有些人覺得當領頭羊比較自在，有些人寧願別人
替自己決定。有些人喜歡直腸子說話，其他人只會用暗示的
（唉唷）。

　　這些狀況都不是湊巧。從細胞生物到工作場所，只要集結
了人類、動物、分子，其行為就可以依某種階層體系與關係組
合來解釋，由個性與生理學來決定。蜂巢裡有不同類型的蜜
蜂：工蜂建立蜂巢、保衛家園、採集食物，女王蜂是社會黏
著劑，也是「老大」，雄蜂的唯一職責是交配，不是交配的季
節，則遭蜂群驅逐到蜂巢外。蜂巢因此得仰賴各種蜜蜂行使不
同的功能，發揮所長，注意收發彼此的訊號。

　　透過蜜蜂分工合作了解蜂巢的運作，探究不同的成分（蛋
白質或人）互相溝通的方式，也可以理解細胞生物和人類社會
的小圈圈。一群朋友決定要去哪裡玩、看什麼電影，得看大家
有什麼意見、出什麼力，同樣地，一個細胞若須執行必要的功
能，得仰賴各種輸入與動作，而各種輸入與動作是來自不同的
蛋白質類型。

　　或者，至少，這就是為什麼一個組織能達成效率，我們在
細胞結構與動物王國裡看到的也是如此。人類行為的現實通常
更為紊亂。想想你自己的朋友，想想你多麼擅長決定與人社交

的方式。需要多少時間才能約好碰面、敲定場地、邀請大家出席？如果牽涉到請大家做不是他們真心想做的事情，有時是請大家做未必適合他們的事情，這過程又要耗掉多少心力？又一次，從眾的欲望以及希冀從他人獲得正面評價的欲望，往往會覆寫掉有效溝通與有效協調行動的必要。

相較之下，蛋白質的組織足具效率，行事理性，將情感與人際政治屏除在外，實在令人驚豔。觀察「細胞訊息傳導」（cell signalling）的過程便可看清這點，基本上就是不同的蛋白質互相結合，察覺體內的變化，並將變化告知彼此，最後做出決策。

我將此過程當作模型，以利於了解哪種蛋白質可以印證我觀察到的人類行為，更優秀的模型應是何種樣貌。方式是將蛋白質行為與麥布二氏人格類型指標（Myers–Briggs Type Indicator，簡稱MBTI）相互對照。MBTI將人的個性分成八種屬性：外向（**Extroversion**）、內向（**Introversion**）；感覺（**Sensing**）、直覺（**Intuition**）；思考（**Thinking**）、情感（**Feeling**）；判斷（**Judging**）、感知（**Perceiving**），再判定哪四種最能反映人格特質與行為方式。

對照完之後，我發覺，蛋白質比我想像中還更適合用來說明人類。某種層面上，蛋白質是個性類型的有效參考值，稍後例子將詳述。但是，蛋白質又不僅呈現不同「類型」同時並存的實際狀況，也是個好模型，描繪出同時並存與攜手合作該有的運作模式，也彰顯了為何必須表現個性、而非壓抑個性。

最普遍的蛋白質個性整理如下。

受體蛋白

　　受體蛋白（receptor protein）是體內任何細胞最初的接觸點，會感受到外在環境的變化，例如血糖值達尖峰時，往下游傳遞訊息給細胞內其他蛋白體以處理後續。不妨把受體蛋白想成團體內具有同理心的一群，可以憑本能感受到別人的不自在，或是感受到各方爭執快要失控了，雖非決策者，卻能居中協調，和同類一起工作。

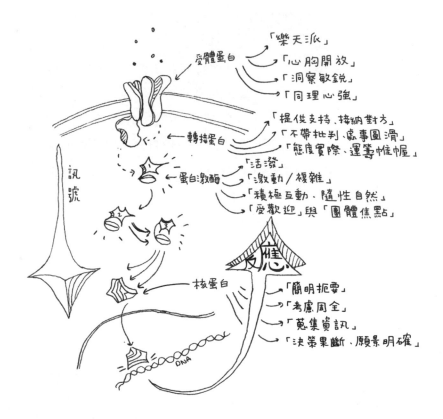

受體蛋白型的人為樂天派，在不同的社會團體間輕鬆遊走；多個小圈圈都有他的身影，是小圈圈之間的溝通橋梁。依MBTI分類，此為ENFP型：「熱情洋溢，富含想像力，認為生命充滿各種可能，可以快速連結事件與訊息。」抑或是ENFJ型：「溫暖，同理心強，感覺敏銳，負責。極為關心他人的情緒、需求與動機。」

他們觀察敏銳，處事圓滑，能自在與人相處，擅長破冰，宛如在社交圈裡翩翩飛舞的蝴蝶。

轉接蛋白

轉接蛋白（adaptor protein）促成細胞訊息傳導過程的下一階段，會與受體蛋白結合，決定在細胞內傳遞訊息的最佳方式。這是體內第一個「做決策」的細胞體，負責決定啟動哪一個「激酶」（kinase，為下游的蛋白質），以及傳遞哪些訊息給其他細胞。透過轉接蛋白，初始訊號因此轉化成稍後可傳導並據以行動的訊息。

對我來說，這類蛋白不會大驚小怪，從容自在，善於支持他人，不需要當鎂光燈焦點。我與「轉接蛋白」型的人常常處得不錯，他們不會評斷別人，替不同人當翻譯，在不同個性的人之間斡旋，都相當拿手，與受體蛋白相仿，也是溝通者，不過，並不是主動積極與他人交朋友的那種，比較近似引導者：鋪好平整道路，往目標前進。

轉接蛋白屬於ESTJ型：「態度實際，將現實納入考量，實事求是，果斷，迅速著手履行決策。」抑或是ISTP型：「有

包容力，彈性，會先靜靜觀察，問題真的浮現後便快速採取行動，找出可行解方。」他們不會大聲嚷嚷，也不會逼自己站到前排，但沒有了這類人，團體可能會失去平衡，四分五裂。

蛋白激酶

一旦訊號來到蛋白激酶（protein kinase，即酵素）這兒，一切就真的開始運轉了。蛋白激酶是生物化學領域的行動家。簡單來說，蛋白激酶會發揮催化作用，促使化學能轉移至下游的受動器及相互作用因子，啟動細胞所有因應變化的必要功能。

我有次對朋友說：「你有點像激酶，對吧？」我盛讚她，是想肯定對方，卻沒得到預期中的正面反應，就算隨後補上一句我覺得大有幫助的解釋：「激酶是細胞中最隨和、最受歡迎的蛋白質。」但她的反應還是沒有很好。非要說術語的話，就是「功能特異性」（functional promiscuity），意指蛋白質除了有能力催化主反應，也有利於副反應。當然也有不是術語的定義：姑且讓你自行想像怎麼將這些定義應用在激酶型的人身上了……

激酶型的人是火力全開的外向人：是團體裡的開心果、靈魂人物，認真與人交流，與人互動頻繁，握手啦，擁抱啦，拍拍肩啦，親吻臉頰啦，樣樣都來，樂此不疲（抖）。

他們是社交中心，帶來充沛能量：喜愛群眾，喜歡受矚目。激酶型的人依MBTI分類，為ENTP型：「反應迅速，靈巧，活力十足，警覺性高，直率……對於規律感到無趣」；或

為ESTP型:「專注於當下,隨性,享受可以與其他人相處的時時刻刻」;抑或為ENTJ型:「坦白、果斷,欣然接下領導權」。

激酶型的人是社交圈的主導人物,未必是我的愛。我的感覺處理功能無法破解那些表現方式和精力,我通常會刻意避開他們。不過如果你在的派對場面還沒熱絡起來,很可能就是激酶型人物還沒到場。

核蛋白

有的蛋白質會傳遞訊息、負責催化,只有核蛋白(nuclear protein)可將接受到的訊號化為細胞性反應。我先前所述的所有活化作用都是一路直往細胞核中的蛋白質去,細胞核即類似細胞的「大腦」,負責協調所有活動,決定細胞如何反應以及後續事務。

舉例來說,如果因割傷開始流血,身體就知道該修復受損的血管,受體會感應到問題,透過一系列激酶傳遞給核蛋白;核蛋白在這種情況下稱為「缺氧誘導因子」(HIF)。接著,缺氧誘導因子的反應創造了蛋白質,增加血管生成,確保更多血流至受損細胞。抱歉,容我驚呼一下,真他X的太神奇啦。核蛋白就是掌握全局的船長:多虧冰山瞭望員在上游勤勉不懈,盡忠職守,讓船長知曉該按下哪個按鈕應付特定情況,確保依據受體蒐集而得、由激酶傳遞的資訊而採取行動。

每個細胞都有細胞核,每支足球隊都有隊長,同樣地,每個社交圈也都有一個人負責發號施令,其他人聽令行事。他們

通常不會像激酶型的人那麼活潑外放、熱情參與事務，比較會是在一旁觀察全局。

核蛋白型的人超級專心，也有所專精，通常比預期的還內向。依MBTI分類，可能會是INFJ型：「清楚制定最能促進大眾利益的方法，實踐願景時井井有條，決策果斷。」或分類為INTJ型：「具原創力，動力十足，確實將構想付諸實行，達成目標。迅即釐清外在事件的模式，發展出深遠的觀點。」

「核心」型的人不會一直都是團體中的焦點，或該說通常不是焦點，但人人都會認定他們是老大。而且他們的意見通常代表定案。

如你所見，蛋白質在團隊合作、組織效率方面堪稱模範。不同類型的蛋白質，角色各異，符合自身個性：身體運作要有效率，得仰賴所有蛋白質。他們不會嫉妒別人，也不會奢望擔任其他角色，創造出低自我、高生產力的環境。要是每個工作場所或朋友圈都能這樣就好了。

蛋白質是高生產力的模範生，各方面都可以當作楷模。對我來說，研究蛋白質有助於我形塑建立關係、處理社會情境的方式。了解自己的蛋白質與個性類型幫助我摸清人類，破譯出介入並達成理想結果的最佳溝通方式，意思是，我知道如果對象是「受體」，最容易打開話匣子，受體型人物最有可能與我聊天，也最適合協助傳遞訊息。或者，我發現最終決定未必來自說話最大聲的激酶型人物，反而可能是核蛋白型的，他們或許看起來沉浸在自己的思緒之中，實際上卻掌握真正的權力。

我們這些人無法憑本能掌握人類與社交行為，甚至自以為能理解人類與社交行為的人，都可能無法參透，但我逐漸會安慰自己，一定有模式可以破譯、通竅，眼前有時候看起來、感覺起來隨意的舉動，歸根究柢，通常是因為團體成員不同的個性、彼此互動的本質以及各成員所回應的外在因素。如果知道自己屬於哪種蛋白質，就表示已更進一步了解別人思考、行動與決策的方式。

　　至於我和哪種蛋白質個性最像，得看情況。我的本性比較類似轉接蛋白或核蛋白，比起主動投入，更會靜靜觀察身邊的人事物，但若情境對了，比如和能自在相處的人待在一起，或是談起與自己專業相關的議題，我會很像激酶型的人吱吱喳喳，簡直就是個外向的人。沒有人說我們必須選擇一種風格又堅持不改；順應情況調整，再正常不過，也正好反映了蛋白質的行為。

　　了解蛋白質讓我體認到，為什麼我不覺得煩躁的事，其他女同學卻受不了：淋雨而溼透的頭髮、老師叫她們扣好最上方的鈕扣（行為正如受體蛋白，對外在世界與他人觀感過於敏感；或像激酶，尋求他人注意）。我不太了解為什麼遇到這些事情代表命運悲慘，但至少，我有能力為她們準備好應付這些事情：隨身攜帶雨具，以免又因突如其來的大雨淋成落湯雞。

　　蛋白質也有助於我發覺，說到「合群」，什麼都比不上做自己的好。我還是青少年時，有時候想到可以訓練自己當別人：模仿同儕的行為，藉此和他們有同樣興趣、習性、說話方式。

　　我想要滲入女孩子的小圈圈,「找點樂子罷了」[5]（學她們講話）,做她們做的事,一起聽笑話,為了同樣的事情而興致勃勃。我拚了命想要和一般人一樣。當然,首先要切入問題,開始研究。我上谷歌搜尋「怎麼當個一般的女生」,找到的結果非常具體,就是喜歡南瓜拿鐵、羽絨外套、小巧但寓意深的刺青。所以我買來外套,啜飲南瓜拿鐵,觀看《戀愛時代》[6]及《切爾西製造》[7],希望或多或少可以為我披上偽裝,與女孩們建立連結。第二部是當時火紅的節目,我卻看到頻頻打盹,這時候我才知道,這樣做沒效。一連串的模仿結果是,我穿上不喜歡的外套,手臂動作還因此受限;喝起根本不想喝的飲料;聽到一大堆不好笑的笑話卻假裝大笑（想當然耳,笑在不對的點上）。實在很耗費心神;比ADHD本身還耗損心力。最重要的是,我想念科學書（能在週末讀數學,至今仍讓我渾身是勁）。模仿同儕,努力融入團體之中,結果卻是壓抑自我個性,比遭到排擠的感覺還糟糕。蛋白質則告誡我別再重蹈這種實驗,別再陷入從眾的誘惑。

　　我們可以從蛋白質身上習得最重要的教訓,是如何與他人更良好互動,更有效合作。因為,蛋白質會認知到差異的必

5　譯註:英文為「just for funsies」。

6　譯註:《戀愛時代》（*Dawson's Creek*）為美國青春愛情校園劇,一九九八至二〇〇三年播映,劇情圍繞在兩男兩女走過青春期的掙扎,呈現他們從高中至大學的生活。

7　譯註:《切爾西製造》（*Made in Chelsea*）為英國真人秀節目,記錄倫敦切爾西地區上流社會年輕人的生活,自二〇一一年起播映。

要，並予以尊重，和人類的這點不同，正是蛋白質能互相協調、成功運作的原因，如我先前所述，不同類型的蛋白質擔起各種角色，相輔相成。人類，不太像這樣。我們的群體行為可能會因為個性而有所差異，但許多人類本能上都傾向一致性。大多數人基本上都想合群，想獲得同儕接納，受到這些欲望驅使而行動；雖然我們在社交場合扮演不同的角色，大多時候卻都起自無意識，我們並不了解，也不會用有益的方式來推動這種動態機制。此外，我們亟欲獲得歸屬感，卻可能得到反效果；其實，彼此之間的差異才是定義個體的基石，得以加強有效溝通與合作。我們不能否認或遮掩真實個性，應該要真心接受並加以灌溉。如果你善於傾聽，會讓你抱有高度同理心；如果你個性為激酶型，當開心果的能力大概就是你的超能力。如果我們允許自己**做**自己，也更能接受別人做自己，人類在社會情境與專業領域中皆會運作得更順暢。

　　科學告訴我們，一致性的功用遠遠不及多元性，多元性才是合作與成功的必要元素。不巧，大自然中最佳的實例卻是癌細胞，其生物溝通與生物相依性令人稱奇。有些癌細胞努力維持腫瘤生長，有些則保護外表，努力中和免疫系統及治療方式。

　　癌細胞尚有許多真相待探查，不過，雖然不堪入耳，癌細胞卻可以帶來寶貴的教訓。腫瘤中並沒有任何人類那樣的自我因素，伺機擾亂一起執行的工作或足球賽。不同的癌細胞擔當特定角色，也可視情況演化成類似的功能。腫瘤是生物同理心的典範：犧牲小我，完成大我。癌症那麼難搞，也是因為如

此。有太多不同癌細胞可以瞄準，癌細胞演化與轉換角色的能力又一流，相當難以鎖定。癌細胞必定有下一步進展，研究人員則一直努力迎頭追上。

不過，假若癌細胞可透過多元性與有效合作而茁壯，對抗最頂尖的研究與治療，我們人類也應該做得到；唯須體認到必須認真看待不同的個性類型、角色與彼此之間的聯繫，才能打造成功運作的生態系統。我們必須了解、接納彼此的差異（也可說是彼此的怪異），如此一來，我們才能得益於生物創造物原本就享有的效率。

或許你才剛開始新工作，想知道新辦公室怎麼運作，那麼不妨開始分辨蛋白質吧：在會議上話最多的就是激酶型人物，可能做最多重要決策的就是核蛋白型人物。你可以去找受體蛋白型人物協助你安頓好，再去找看來不熱絡但做好事情缺他不可的轉接蛋白型人物。

我們在任何領域建立團隊，皆必須採用同樣的思維模式。公司通常會想招募某種特質的員工，以為單一個性類型就可以符合企業成功所需的各式需求。每個人都必須具有一致的特質，這種概念與癌細胞證明的合作無間恰恰相反：多元性以及演化能力，才是持續成長、保持領先地位的基礎要件。厲害的足球隊需要球員負責不同專長位置，組織要欣欣向榮，也得仰賴形形色色的性格與觀點。

蛋白質的例子凸顯了人類通常沒辦法發揮十足潛力的兩種範疇：演化，以及差異的效用。如果我們更相信自己和蛋白質分子一樣，都握有在人生中演化與改變的能力，並更信任自

己獨一無二的個性與觀點（同時，對身旁的人也秉持相同態度），便可使許多約束與誤解產生短路，個體可以不再畫地自限，朋友、家人、同事間也可視為一整體來規畫，齊力前進。

　　蛋白質的教誨是，對於彼此擔任不同的角色一事，我們應該多點信心，少點過度的自覺，並開放心胸，真心接納，因為這些不同的角色，代表彼此的個性大相逕庭。人類（或者至少神經典型的人）基本上天生傾向合群，但我們必須遏止，以彰顯個體的怪異，同時也要認定，個體的怪異對於凝聚社會的功勞不可或缺。蛋白質教導的一課是，與眾不同才有助於團體運作更加順暢，個體性才是有效團體合作的根基。小分子隱含大大的教訓，你得找來顯微鏡才看得見。是時候該讓更多人看見了。

第三章

如何忘記什麼叫完美

熱力學、秩序與失序

「妳房間有夠恐怖，」我媽有次來訪學校宿舍對著我如是說，「我根本找不到地方坐！」

整理房間這事，誰這輩子沒和媽媽吵過？解讀髒亂的方式，又有誰這輩子都和媽媽一模一樣？

我這座七橫八豎的王國，不算是源自懶惰，比較算是源自焦慮。未經訓練的人看來只會覺得一團混亂，對我來說卻是量身訂製，所有東西上次放哪，一清二楚，動線自然，最佳空間擺設，隨手可用。散落在地板中央的物品可不是隨意放置，是為了確保從房間每個角落都能花同樣的力氣取得。

「這樣很自然啊！又方便調整！我這樣才好做事。」我的抗議贏得媽媽版的白眼，伴隨一句咕噥：「祝妳一切順利囉。」她的語調就和我四歲時一模一樣；當時我對媽媽嚷嚷著說要嫁給艾爾頓・強（Elton John）。

我房間這種有問題的狀態，還有另一個理由可解釋（儘管我不敢拿來和媽媽據理力爭）：熱力學。熱力學意指能量移動與轉換的方式，其定律提到，若宇宙就這樣繼續放著不管，勢

必會隨著時間流轉而逐漸失序。我們努力建立秩序是為了對抗熱力學第二定律，該定律表述的是，一系統中的熵[1]（可大致理解成「失序」）必定自然而然增加，因為可用的能量會愈來愈少。所以，儘管我們認真維護房間，或許到頭來也還是會變得不整齊。

　　不過，我提出這點，不只是希望全球各地的青少年開始援引熱力學理論，和爸媽爭辯那一堆堆沒洗的襪子。了解熱力學定律固然可能讓自己的立場更有理有據，卻也代表能欣賞某種更基本的事物：秩序與失序在我們生活中扮演的角色，以及秩序與失序更上一層的物理學定律。

　　我對生活空間的狀態搖擺不定，進退兩難，希望迎合媽媽對於整齊的想法，又不想罔顧自身需求，朝思夕想何謂整齊的意義，更別提如何整理房間這大哉問；苦苦掙扎的時日之中，熱力學理論成了我的明燈。我因此更能仔細審視理想中的秩序，更能了解哪些方式可達成秩序而哪些不可：像是一週的三餐規畫就是可以讓夜晚過得更有效率，以及理想中的秩序（例如要怎麼整理房間或規畫假日行程）要如何配合朋友的、家人的、愛人的來調整。而且熱力學賦予我關鍵的嶄新觀點：我們可不是關在隔離室獨自努力建立秩序，而是在人與無生命物體交錯而混亂的情境中努力，人與無生命物體也全都有自身的能量需求。

　　在任何友誼或關係中，你必須將他人的秩序感融入自己

1　譯註：熵（entropy）讀音為「ㄕㄤ」；用注音輸入打字則為「ㄉㄧ」。

的。雖然這種做法看似索性妥協，實際上常常比表面上還更加複雜，因為個體對於秩序的想法並不簡單直截，不會模模糊糊，也不會等閒視之，而是從層疊交織的經驗、喜好與根深柢固的習慣中演化而來，堪稱刻畫細膩的傑作，代表的是平常默而不言的期待，通常得遭到他人侵門踏戶時才會發聲而出。若企圖拿支粗陋的筆刷隨便塗抹打發過去，會立刻害自己陷入危機。

除非我們理解並尊重這些需求，認清熱力學替生活設下的框架，否則都得勞神費力，才能在心情、環境與生活型態之間取得平衡，達成企求的狀態。人人都想過自己想要的人生，想以自己希望的方式過活，同時也得騰出自己一部分的空間，配合其他人的喜好、需求、怪癖，從實際角度考量可用的時間與空間，來調整自己。對熱力學的重視，讓我們得以配合生活周遭的紋理。這是生活平衡的金鑰，也是房間整齊的金鑰。

失序卻有序的人

顯然，對我來說，生活中必須處處有秩序感，秩序感是我可以仰仗的東西，可惜，秩序感並未轉譯成整齊的生活工作環境。自閉症者常有這種矛盾的特點，在我身上更明顯，我們渴求秩序與確定感，卻常常難以為自己打造。

因此，我們一旦找到可靠模式來控制日常秩序，就會緊抓不放，哪管水深火熱──食物怎麼擺盤，房間窗簾怎麼擺設，工作站的物品如何擺放，椅子如何擺正，我們都要用上那一套

模式，全來自慣常生活的絲絲縷縷，我們將自己一條條捻接繫上，綁束聚攏，織就出日常運作（話雖如此，卻得看情形，往往驅使自一閃而過、一窩蜂湧上的確定感，又會迅即煙消雲散，令人摸不著頭緒）。

不過，儘管我多喜愛生活各面向都具有規律，要在我的國度裡建立秩序，我還是做起來勉勉強強。對我來說，撒滿各處的書籍與文獻，還有女王級「地板衣櫥」，不過就是個方便順手的布置，我可以迅速找到東西。然而，這點同時好似芒刺在背，我生活其他方面確實過度有序，在最重要的空間卻不見秩序，雖然一部分的我適合將所有東西丟得到處都是，強迫症卻也會湊上一腳，與存在於他處的那位有條不紊的小蜜，一起厲聲要求房間保持整齊。說我是有條不紊的人，結果臥室長成這樣，感覺起來好像在說謊（我就是沒辦法說謊）。這種固有的不一致讓我不知所措，像頸部扭傷，不同部位不對稱地互相對峙。

我自己對於秩序的需求，媽媽對於秩序該有的印象，我本能覺得有效率的環境，在這三者之間，我陷入拉扯交戰。這種衝突還是在如何創造「整齊」空間的問題之前就有的，我腦袋裡永無止境的排列結果接二連三投來，往終點前進的路線又五花八門，我哪知道客觀來看「整齊」實際上長怎樣。我一開始嘎吱作響地咀嚼那些排列結果，心就開始如葡萄乾般皺巴巴，焦慮全速旋轉。

思緒阻滯。類似自閉症者面前橫亙的難處，通常不是沒想法，而是太多想法。我們揣想所有可能的整理方式與組合，彷

彿沒有濾鏡的廣袤風景，通常會讓我們坐困於中間地帶，無處可逃。就是自由度太大又選項太多可以用來組合，從各個角度以絲線拉扯著你這只人偶。

所以，沒錯，你可能已經推測出來了，我覺得要讓房間整齊好難——**真的**好難。到現在還是一樣，每座生活空間與工作空間一般都是書滿為患的狀態，雖然說，要是有人移動什麼東西，打亂我那有序但不堪一擊的失序感，我可會瘋掉。你大概知道這種感覺：你整理桌面的方式，別人可能不懂，但就是對你有用。我們休完假，回辦公室上班，必定知道有人坐過（和搞亂過）我們的椅子，而且只要有意料之外的事情擾動原本的慣常作業，無論事情多小，當天也一定不順心。就算是熱愛驚喜的人，內心深處也需要秩序存在。

更糟的是，我媽每三天就會回來探訪一次，所以我知道我得做點什麼。你聽到應該不會驚訝，我沒有去詢問誰該怎麼改善居家環境，也沒有直接把地板衣櫥裡的東西一次塞進真正的衣櫥裡（附帶一提，這樣沒用），而是翻起科學課本，確切來說，是《物理化學》（*The Elements of Physical Chemistry*）這本（最後在瑜伽墊下翻找到，就跟你說這方法管用吧）。

本書沒教你怎麼整理房間，卻囊括了更重要的觀念，我們都該澈悟：「從失序之中創造秩序需要能量，在熱力學上視為不利〔此為自然發生且未提供額外能量之事，像是冰塊融化〕。」可不是嗎？光想到要整理就很痛苦。

這就是我問題的根源，也是大家都得戮力建立秩序、維持秩序的原因，你對整齊乾淨的需求，想和這宇宙快速鬆散的本

質一爭長短，基本上就是不自然的狀態。事情逐漸失去秩序，才不是隨機發生，就只是分子物理學的命運。

徹頭徹尾就是人類與自然的戰鬥。我們砌牆，只看到牆逐漸坍塌。我們為建築物油漆，知道油漆終究會剝落，必須重漆。我們整理物品，深知不定期整理的話，不久後又會亂成一團。

在生活中所有建立秩序的努力，無論大小，遲早都會耗盡，代表得一而再、再而三從頭來過，消解失序狀態。正如《物理化學》所述，建立秩序需要能量，摺衣服、洗碗盤、刮鬍子皆然，或者，就我的情況，摸索如何在日常應對中遵循「規則」。

所以下次你又在挖空心思，費勁讓事情往希望的方向去，別怪自己，怪熱力學吧。不僅如此，你還得了解，熱力學對於我們安排生活的方式也設立了制度。你可以享有秩序，唯得消耗能量；而無論你規畫多縝密，所建立的秩序終會逐漸逆轉。

追求有序生活的過程中，我們必須體悟到自己並不是孤立而行，整個世界依循分子物理學運作，我們都必須在其中摸索，代表勢必得接受某種程度的失序。你必須接受挑戰，進入戰鬥，適度妥協——首先就從你對完美有序生活的概念著手。

失序為何恆為增加？

不妨更進一步檢視熱力學定律，了解為何熱力學確定造就我們生活的失序。

定律共四條，前兩條與本主題有關。

第一定律表述，能量不可能創造，也不可能摧毀，只會轉換地點與形式。

第二定律則說明能量轉換形式時的情況。一孤立系統中的熵只能增加或維持原樣。系統中的熵值若很低，代表很多可用的熱能得以做出反應——正是系統的運作方式，自然發生熱力學上有利的反應（通常是從固體到液體或氣體）。之後，能量不會消失（請記住第一定律），但也不會維持先前的狀態。燃燒一塊木頭，木頭變成煙灰，火就熄滅了，此時木頭的能量更為分散，性質出現更大差別，而且據說是比之前更「不可用」。熱能驅動系統做出反應，熵即用來測量熱能的可用性，熵值愈高，「可用」的能量就愈少。

第二定律則指出，透過自發過程，一系統中的能量必定愈來愈失序，成為愈來愈不具生產力的狀態——使系統做功減少（這狀態又叫做星期二晚上）。

另一個簡單的例子是，想一想把冰塊拿出冷凍庫後會怎樣。短時間內，冰塊就會融化成液態，最終蒸發成水蒸氣。轉變成液態和氣態的過程中，熵值上升。固態時原本緊密排列的分子此時蹦蹦跳跳，在氣態下興高采烈地享樂。熵就增加了，失序因此也增加了。這就是第二定律，如此描述生活周遭發生的事件（在此替納悶的人解答，若凝結水蒸氣，並將液體拿去冷凍，又結成冰，就不再是孤立系統，因為是利用外能，逆轉自發的變化過程）。

因此，以最簡單的方式來說，熱力學指出，熵（失序）必

定在沒有外力介入的自發過程中增加。這就說明了，為什麼把一片玻璃摔成千萬片（因此增加熵值）比拼組回去簡單得太多太多。抑或是，如我好幾年前發現的事情一樣，到公園對著樹葉堆踢上一腳，僅消一秒的力氣，把樹葉堆回原樣，卻得花上整個下午。鄭重聲明，最後不會成功喔，五小時的辛勞只會換來心力交瘁，同時陷入自我懷疑的錯覺。美好時光總是過得特別快。

　　創造秩序的過程一點都不像熵值增加的自發過程，因為需要外能，只有苦哈哈可形容。系統增加熵值為自發反應，而你得強硬對抗之。

　　吉布斯自由能（Gibbs free energy）是一種指標，可計算給定時刻可用的能量；一系統的能量若採此方式測量，就不是某種任意武斷或需要專門技術的問題，事實上是我們最重要的利器，可運用於幾乎所有科學領域，便於我們了解事情是否會發生。熱力學掌管了好多我們理解的事情與研究的方式；要用來判斷某種反應是否比其他反應更可能發生，熱力學堪稱十足可靠的方法，只要詢問哪一種在熱力學上比較有利，即可推知答案。

　　我一直都覺得熱力學好能撫慰我心，因為熱力學帶來的是確定感，而人類太常展現的卻是困惑、混淆。他說的是字面上的意思，還是影射什麼？我是不是忽略什麼沒寫出來或沒說出來的小地方，但那小地方，不知為何只要是人都該知道？對我來說這好似壞掉的收音機：無論我多努力想轉到正確頻道，收訊仍差。但熱力學傳送給我們的訊號，清晰分明。

　　熱力學應用在日常生活中也是，清晰分明。整理房間之所以艱難，不只是因為摺摺疊疊很痛苦，不只是因為要安排所有東西的位置，還得和被套搏鬥一番，而是因為必須奮力減少環境中的熵，可是，熵的自發過程就是跟你反方向，直往失序前進。是故，如果爸媽、伴侶、室友想要你改變做法，要你整理東西，他們要你做的可不只是克服自身懶惰或是推翻你獨特的秩序感；更是把你推上戰場，與熱力學鏖戰。順著自然發展保留原狀，用熱力學當藉口，有力多了。

創造熱力學上有利的狀態

　　我們嘗試形塑生活秩序的同時，必須了解熱力學為我們設下了場硬仗，但不代表我們就無力對抗。記得課本上寫道，「從失序之中創造秩序在熱力學上為不利」嗎？降低一系統中的熵（失序）需要做功，也消耗能量，但並非不可能，只是得費時費力達成。所以你得決定，你的付出是不是值得這些犧牲。對我來說，本書就是個好實例，所有點子都是從自己腦海裡失序的潮浪中摘取、修剪而成，投注不少精力將點子逐一釘住，梳出條理，但我很享受這種活動，也收成豐足。

　　既然沒辦法一舉兩得，問題就變成，哪一種比較喜歡：要保留身心力氣，還是要達成我們在特定情境下為自己設定的目標？重點在於辨明之間的取捨。若想創造秩序，就得在某種程度上對抗熱力學，如此一來，則會以某種方式或形式耗掉能量。

　　所以我們該如何獲取想要的事物，打造渴望的秩序感，又

別喚出太多難纏的熱力學對手呢？

　　部分解答是，設下切合實際的期待。你理想中的秩序設定得愈精確，奢望的狀態熵值愈低，需要付出的心血就得愈多。熱力學是完美主義的仇敵，因為第二定律會將邁向完美的路程

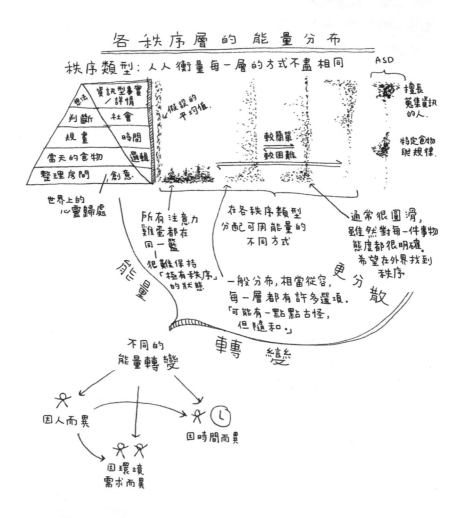

化作薛西弗斯[2]式的戰役。無論我們離山頂多近，飄往失序的分子還是會一直將巨石拉回山腳。你的秩序感愈完美，山就愈高聳，當前情況在熱力學上就愈不利，要接近山峰就得花費更多能量。

因此，你必須改變期望值，與其說是降低期望值，不如說是重新分配。大家的精力與注意力都一樣多，問題是該如何妥善運用。你得認清自己無法攀上每一座名為完美主義的山峰，得保留足夠的精力，處理真正重要的事項。

舉例而言，我知道整理房間將花上兩天準備，排列出所有組合，處理諸多選項帶來的焦慮，審問自己究竟是否真有所謂整齊的房間，以及究竟可以長成什麼樣。一旦有了眉目，就很難快得起來。在為了與媽媽和解的這項整理任務中，我花了一小時決定時鐘和馬克杯移動到哪裡去。兩小時過去，我設法將洗衣籃擺到新位置，還把窗戶打開。我的心靈隨著所有選擇及優先順序旋轉：什麼東西該放到哪裡，有依實際情況考量嗎？心靈彷彿運行太多程式的電腦，所有選擇與選項堵滯，心靈的游標延遲了，在螢幕上走走停停。得喝點茶，躺一下。又來了。

誠如你所見，對我來說，整理房間可說是熱力學上不利的事情。我對抗的可不只是失序的必然，還得對抗自己對於何事可能代表秩序的多層次觀點。我被這些選擇、這些困惑搞得力

2　譯註：在希臘神話中，薛西弗斯因狡猾遭諸神懲罰，必須重複徒勞無功的苦役。

倦神疲，我無形的喜好與他人的喜好之間要怎麼取得交集，也令我精疲力竭。

既然如此，幹麼要這樣？這個嘛，因為生活不是熱力學實驗，不是孤立系統，我們與親朋好友愛人一起過活，待在彼此身邊，大家本來就各有各的喜好參數，代表必須有各種妥協。你作為個體，不能只專注於什麼對自己最好，也必須理解與同理身邊所有人。現在你知道可選擇的對戰關卡，比原本想像的還要更多了。

秩序：互相角力的看法

要遇到大家想法不一致的狀況，真的不必費心尋找。如果你試過為辦公室同事建立播歌清單，揣測哪種電影正對一大群朋友的胃口，挖掘沒人有意見的波隆那肉醬食譜，就會知道大家各有所好，而且喜好通常有天壤之別。

波隆那肉醬加入番茄是否美味（正確答案：是），整齊的房間是要**這樣**布置嗎，他有沒有**那些**特質啊，種種問題，大家有沒有交集呢？可惜，應該沒有。

大家理想中的秩序該是何種面貌，答案也是琳琅滿目。有些人喜歡用顏色識別分類，堆疊得端端正正，桌面清清爽爽，甚至覺得不這樣不行，但有些人從較混亂的系統中積極汲取養分，也可能根本只是沒耐心歸檔。當然還有些人，兩種狀態都有，有時第一種，有時第二種，大概就是在說我。

儘管我沒有很喜歡整理房間，但我決定動手時，我知道會

讓媽媽安心。是一種妥協：表示我愛她。我是在滿足她的秩序感，把自己的擺到一邊。也有可能是我在尋覓一些些媽媽在我們家中創造的秩序感，每件物品都有明確的棲身之處，連浴室盥洗盆的塞子都有一方之地，我的盥洗盆甚至沒有塞子。

　　無論優先納入哪種秩序感，最重要的是認清世界上存在不同的觀點。我們很容易就會先入為主，以為最適合自己的事物，也最適合別人。畢竟，這些事物對我們來說合情合理，會很難置身另一種立場，看出另一種面貌。

　　我必須仰賴非常特定的秩序模式來定錨住焦慮，因此會竭盡所能回報大家給我的這份恩情。我深知許多人從我小時候開始就很支持並尊重我的秩序感，哪種食物得放在哪種盤子，當天的行程安排得錯綜複雜，頭髮一定要繫成緊緊的辮子（頭頂要有一個球球，最下面也要有一個），得先複誦影片簡介才能觀看特定電影，必須挪來我最愛的那張椅子。

　　若想擁有和諧的關係，對於身邊的人看世界的角度，以及殊異於己的秩序感，則必須多點同理心。你把共用廚房辛香料架上的瓶罐重新整理，把鍋子收到另一個櫥櫃，抽屜裡的刀叉調換位置，看起來似乎沒什麼，但對於共用這個空間的人來說，任何一種變動感覺起來都是劇烈變化，秩序感大受撼動，搞得他們無法輕鬆找到想要的東西。一個人覺得是小事，另一個人通常會覺得這事可沒那麼小。我打算搬出舊公寓時，房東帶人來看，一天我回來時發現百葉窗升得有一**點點**太高，就一點點而已，也足以觸發小小的崩潰。

　　若有人試圖將秩序強加於你，說是「為了你好」（實際上

是為了他們好），就是一種控制行為的形式，也是你絕對有理由不參加的戰役。在強加秩序這點上，我當然挺心虛，因為我一直到二十三歲前都對抽菸酒醉的人患有恐懼症，現在回想起來正是破壞友誼的元凶，但我僅僅是出於恐懼，沒別的原因。

　　另一方面，如果你愛媽媽愛到不反對擾動你的能量平衡，只為討她歡心，或是朋友壓力很大，你卻主動努力吞下尖銳之詞，請受我一拜。這些日常默默的犧牲，與從顯微鏡裡觀看一樣細微，卻定義了人與人之間的慷慨與愛。

　　話雖如此，同理他人的需求並不代表必須放棄自己的需求。我知道這點，是因為我曾落入模仿陷阱。我起初與房間整齊的問題扭打成團時，是先觀察我朋友如何整理他們的生活空間，更確切來說，是如何整理他們的生活。我從朋友身上尋求靈感，以為要是能模仿他們的穿衣、飲食習慣，像他們那樣整理衣櫥、在牆上貼海報，就能發揮某種完美的秩序感，真正「換位思考」，實際作為就是英文 step into someone else's shoes 的字面意義：套上他們的鞋子（加上模仿他們穿襪子的方式，不過特此聲明，大家每次穿襪子的方式並不一致）。模仿後來無效，原因不只是並未造就任何顯著變化，我還導致模仿對象驚惶失措；我模仿朋友的習慣，睡前也開始親吻牆上的柴克・艾弗隆（Zac Efron）海報。她害臊地說：「我是迷他沒錯，但你不用跟著我迷他啦。」但我滿腦子想的只有這樣會不會讓我的房間變整齊。結果之後海報移走，我又得從零開始。

　　模仿帶來的危險可能比從零開始還嚴重。如果我們老是受別人影響，就絕對看不清自己做的哪些事在熱力學上有利，摸

不透該如何注意自己心理的生態系統——如何利用有限的心理與生理能量儲備來支持自己最重要的需求。

意思大概是，我們要表達自己，不能因為同儕壓力，無論是真實還是想像，而杵在自己的小天地，否則其影響可能遍及所有事物，舉凡食物、衣著方式。我們無時無刻不面臨的情況是，自己與他人的秩序感互相衝突。我們得決定何時妥協，何時堅持走自己的路。

我青春期快結束時，發現跟隨別人意見會帶來危險；當時的我有一點點著了魔似地想要有健康人生。哪些事對我「好」，我又該如何活得健康？上網搜尋（必定鑄成大錯）後，得到一些相當明確的答案，辛勤運動，對某些食物忌口，不再遵從原本奉為金科玉律的指示。如此這般，現實卻是，一旦三天來只吃一顆蘋果，最後飲食中就撤掉幾乎所有的主要食物群，十七歲的我體重不過四十公斤。我忽視自己其實很餓而且常覺得噁心的事實，因為我覺得自己拿著讓我愈來愈健康的清單，一項項打勾勾。得把自己逼向意料之外的極端境界，才能體悟到，刻意打造的良好秩序感，其實對我來說再糟糕不過。得花上數年我才了解：如果一週想上健身房幾次，得吃得健康，身體才有足夠燃料運動。

在我眼中，上山下山時的沿途風景通常都很陡峻，目睹了形形色色千差萬別的證據與選項，意味著我從範圍極廣的極端境界中學習教訓。我就和許多青少年一樣，發現相當難以塑造出喜歡的世界，得仰賴大量嘗試，體驗諸多錯誤，但困難的並不只是創造秩序，困難的是得費力梳理出自己決定的秩序實際

上是何種面貌，又帶來何種感受。

　　我們最佳的生存狀態與生活型態出奇地個人化。雖然我們必須與身邊的人妥協，也必須了解他人的需求就與我們一樣源自內心深層，且一樣個人化，仍得把持住自我──避免讓他人替我們設立生活方式，以及決定消耗能量的對象。

能達成平衡嗎？

　　我還沒隆重介紹熱力學另一項重要概念，此概念可以協助釐清我們身邊的秩序與失序。該讓「平衡」（equilibrium）上場了。

　　平衡是所有雙面反應之母，也剛好是我畢生最愛的概念。每一科學、社會、心理的抽象範疇中，都會出現一種平衡的形式。平衡說明了我們如何像這樣走路、自動自發呼吸、拿取書本；中央空調為何會溫暖房間、蛋糕一定會烤熟，平衡正是箇中原因。

　　嚴格說來，平衡就是化學反應達到均衡的狀態，此時正向與反向以相同速率發生，系統整體狀態不再變化。若將非常高溫的物體放在低溫的物體旁，兩物體一達到等溫，就代表達成平衡，作用力的蹺蹺板達到完美平衡的橫向狀態。

　　熱力學定律指出，平衡是每個孤立系統尋求的狀態，因其最具效率，系統中可轉化為做功的吉布斯自由能減至零：已不須做功，因此不需要能量。

　　聽起來有如存在的理想狀態：萬事萬物恰如其分，運作

毫不費力，沒有驚喜，沒有突來的變化。但問題在於，平衡就是人類無法達成的狀態，無論是生理上或從比喻角度來看都無法。身體要達到最接近平衡的狀態是透過體內恆定機制（homeostasis），意指一系列協助調節體內環境的過程，溫度、水分、礦物質濃度、血糖值，無一不包，出汗量、血管收縮或擴張時機、體內胰島素釋放時機也皆由此機制負責。

但恆定機制達成的並不是完全平衡的狀態，我在叔叔的科學書中找到讓我介意也感到解放的一句話。書上寫道，一旦身體與其外界達到最終平衡，就認定為死亡，因此平衡的定義最終指的是人類死亡。我不知道該說什麼，但渴求一種既無法達成又致命的狀態，又因此成長茁壯，可真是人類值得尋味的情景。

與化學平衡、熱平衡的能量中和狀態相較，體內恆定機制是個浩大工程，涉及體內多重器官以及有關變動狀態與因應方式的持續回饋迴路。平衡有點像一張來回擺動的吊床，舒緩身心，但體內恆定機制卻有點像在颶風中搭好帳篷。雖然兩者目標類似，均為達成穩定規律的狀態，但達成的方式可是再迥異也不過。

大部分時間我們都得像身體一樣賣力工作，使生活至少維持一些秩序。我們日常生活的蹺蹺板，兩側一直有不同的壓力襲上——我們自己做的事情，還有別人對我們做的事情。維持至少模模糊糊的平衡感是相當艱巨的任務，得持續評估某決策對於心靈狀態或心理健全程度可能如何造成相同與相反的作用。

　　那代表你得對自己妥協，而你對於何謂正確的決策及人生選擇有何感覺，也得做出妥協。想兩者兼得，不可能。所以當我每週上健身房五次，有時候鼻塞喉嚨乾會乞求我休息一下。身體表現出的是一回事，心靈索求的又是另一回事。儘管我一直都想隨心所欲，卻已知曉必須傾聽自己的身體，讓身體指引自己一天可以達到的運動量。我到了二十六歲才全心接受這點，先前可是頑抗了十年。

　　我們無法反抗熱力學定律，同樣地，也無法停止蹺蹺板彈動。失序存在於系統中，如引力般無可迴避，老實說，失序也是許多人仰賴的事物，有助於人生順勢攤開。我們為何可能不太清楚確切的交稿時間，或是何時與某人會面，這就是箇中原因。失序賦予我們需要的進退餘地，並非樹立起堅定不移的承諾。相較之下，如果我說我要跟誰在「週中」碰面，意思絕對是週三中午，怎麼會是其他時間？

　　我們必須認清人生是微妙平衡，一方是自己的選擇，一方是超出自己掌控的情況與決策。以熱力學術語表達的話，就是決策沒有一個是完全孤立或完全無損失，每件事都是選擇，包括如何消耗能量、為了何種目的、對誰有利，結果均將影響我們應對蹺蹺板上其他事物的能力。

　　從來沒有任何一件事物，或者該說是鮮少事物，可以同時達到完全平衡，畢竟因素實在是太多了。很像是史蒂芬‧霍金（Stephen Hawking）在《時間簡史》（*A Brief History of Time*）中讓我愛不釋手的概念：沒有事物自然處於靜止狀態。這句話的前景捎給我許多輾轉難眠的夜晚，只因我等著全世界與我一起

同步進入夢鄉。

　　但我們愈體悟到這世界存在一個蹺蹺板，就愈有意識可以做出創造一定平衡與秩序的決策。雖非完美秩序，亦非全然掌控，但就像是目前為止最美好的。

　　我們在人生中創造的秩序固然有限，但一旦接受此點，卻解開了某種結。一旦你接受自己正如對抗潮汐的沙堡一樣，不再可能活在完美規畫的人生中，就更容易聚焦於自己可以控制的事物上。盤子上已經夠多東西了，不需要再應付不切實際的想望。

　　忽略掉不切實際的部分，就該著重忖量可以創造何種秩序，以及該如何創造。第一步驟是與自己妥協：謹記，你理想中的狀態勾勒得愈精確，就得花更多能量達成目標。所以，如果你為自己設下嚴苛的任務，務必確保該任務值得大費周章，如果不是想讓自己或別人覺得更舒適，就根本沒必要整理房間。而且儘管人性就是什麼都想做，最好還是確定哪些事可能帶來最大改變，再來排列優先順序，你沒足夠時間或精力做的事情，請說服自己別有遺憾。

　　與自己妥協後，也得對別人妥協。如果你和別人同住一間房或待在同一間辦公室，最適合的溫度是多少，最佳的格局、編制是什麼，人人必定都有一番見解。人人的理想狀態不見得都能達成，但都可以受到理解、納入考量。聽起來可能易如反掌，不過就是只要後退一步，體悟到做事須耗費多少能量，並了解耗費能量這事如何深植於熱力學的基礎，即可帶來莫大改

變。我們總是假設自己得同時做好每件事、討好每個人、滿足所有期望，結果只引來毒害，不但毫無助益，亦是遙不可及——有如山的科學鐵證可挺你。妥協並不是放棄，而是根據物理學適應現實狀況。

　　活出熱力學上有利的方式，意指做出正確的妥協。你必須了解自己的秩序感為何、希望事物走向如何——然後要有意願掙脫這種束縛。你必須同理他人看待世界的方式，並適度調整，不用放棄自身需求。你必須接納失序，而接納失序不等於屈服。

　　尤其，你必須理解的是，臻至完美有多麼不利。聽我的準沒錯：不彈性真是最教人彈性疲乏的事情。相形之下，知道你某天或某週可以做什麼，不可以做什麼，而有意識做出決策，連一絲內疚都感覺不到，反而最能賦予自己力量。接納失序與把玩失序，界定了活著的意義。感謝老天，讓我們接納失序也把玩失序，因為如果不行，人生可能會百無聊賴、遲滯不前——在能量上並不利於人類演化。沒有了秩序，你可能也會活得像無生命的物體，大概，成了椅子吧（但不是我的椅子，我的已經給坐走了）。

第四章

如何感受恐懼
光線、折射與恐懼

　　此時凌晨兩點半，我房間黑壓壓一片，冰寒刺骨，寂然無聲。沒半個人，沒人發現我有多提心吊膽。我希望媽媽在我身邊，但她在我們家車程四十五分鐘以外的地方。縈繞我腦中的橙色、餅乾的口感、枕頭上飄來新洗髮精的味道，在在讓我焦慮重重。我睡不著而且好想回家。

　　深夜時分，焦慮必然升到最高峰。ADHD誘發了失眠，但ASD又填滿我清醒的時候，各種念頭、恐懼緊抓著我不放。我會發現自己騎虎難下：畏懼睡著，又畏怯醒來。通常需要媽媽移動枕頭來我房間，睡在地板上，我才有安全感足以度過整夜。

　　這種夜裡驚魂，不過只是我這輩子陰魂不散的其中一種恐懼。直至今日，顯然還是有大大影響我的焦慮觸發器，例如突然一陣超大聲響，或是出現一大群人；還有某些恐懼，至今我仍找不著源頭。我可以邊啜飲紅蘿蔔柳橙汁（我每週的小確幸），邊尋思為什麼我以前那麼厭惡這顏色。橙色的食物，橙色的衣服，橙色的塑膠椅，似乎曾經就是有毒或傳染力強的

物質，不惜一切也要避免。這就是ASD一部分的運作方式，會製造出本能的恐懼，直教你打從心底排斥那事那物，無法解釋，但一定得順從。

我們都會感受恐懼，也需要恐懼；恐懼是物種生存的必要條件，沒有了恐懼，就不會生疑，不會謹慎，不會檢視自身的衝動而尋求平衡。反過來看，其言也真。假使我們的感受全都是恐懼，就會麻木，完全無法清楚思慮或做出決策。你的恐懼可能很小，上班時要開麻煩的會議，等一下要向誰坦承你的感覺。恐懼可能很大：你一直以來承受的各種恐懼症，對於人生重大變化的擔憂，因為健康惡化、財務危機而提心吊膽。無論事實為何，恐懼就是如影隨形，無論是否體認得到，也無論恐懼的劑量高低。除非了解自己的恐懼，解開糾纏的根源，理性審視這些問題，否則就是把自己推向風險，反遭所害怕的事物控制，自己卻無力抗拒。恐懼可能並不理性，但更常是極度合乎邏輯；我們對於恐懼的反應，應該也要合理。

亞斯伯格症的日常是，所有思緒和恐懼宛如一束刺眼光線猛然向你射去，你會在同一時間體驗到，而且缺乏固有能力，不得分割出不同的情緒、焦慮、衝動、刺激。我另一個莫大的恐懼是火警，那淒厲的噪音擾得感官翻騰，那回響似乎流竄全身，想像一下，純粹是生理方面的膽戰心驚。若在學校，學生會整整齊齊如軍人般列隊，我則老是得拔腿狂奔，盡快逃離那噪音，愈遠愈好。

像這種時刻，我得在黑漆漆的房間裡度過，拉下百葉窗，戴上降噪耳機，十之八九是坐在書桌底下，當作安全頂篷。我

以前是這樣活下來的，現在也是。但這樣生活可不是辦法。我必須跑在恐懼前頭，並找到地方藏身，因為我沒有內建無意識的濾鏡，知道得自行打造：以便我應對恐懼，以便我伴著恐懼也能如常運作。

前文提到恐懼感對我來說彷彿刺眼光線，剛好，我研究光子學（光子是組成光線的量子粒子）時也發覺，光子其實也可以像光線折射的方式分解，呈現出許多色彩與頻率。恐懼亦然。恐懼從來不像有時感覺起來的那樣單一或令人難以招架，所以也能用相同方式來面對。有了正確的濾鏡，我們就能揭開恐懼的面紗，好好梳理——用嶄新的光打在恐懼上。就把#nofilter留在Instagram吧。在真實生活中，我們需要各種濾鏡。

恐懼如光

影和光，素來都教我著迷不已。家中有棵我迷戀無比的樹，只要站在樹蔭下，我就覺得安全。我一直都需要低光強度的區域，保護我免於感官超載。

但我也喜愛光，因為光的屬性而心花怒放。媽媽的臥室窗臺擺了一只水晶牡蠣殼，陽光經殼反射，原本蘊藉的天然寶藏便充盈整間房，分解成七彩光譜：頂端是鋒銳如刺的紅，底部是祥和寧靜的紫藍。在這當下，萬物都活躍了起來，每天早上七點半，我匆忙跑去觀賞，生怕冬日的灰雲會奪走這種奇觀。

一天之中可能布滿各種恐懼焦慮，但也有這種靜好美妙的時分。我本能上知道自己需要一副稜鏡，折射腦中那些如煮壞

的義大利圓直麵般纏結的想法與感受。我得區分恐懼，拆解恐懼的所有元素，釐清排山倒海而來的感覺。

我的起點是重新活過一天中最鮮明的時刻——自然是指安然自得坐在書桌下——並努力將各個情境與最強烈的情緒連結起來。哪些事物給我的感受最強烈，那些事物又對當時情況產生何種影響？我一邊繪製著情緒圖，思緒則一直回到那些早晨，望著光線透過水晶牡蠣殼折射。焦慮發作彷彿一束白色光線——遭到宰制，無法直視，只能迴避（或逃開），不過在這之中卻坐落完整的情緒光譜，有些比較強烈，又比較即時，所有情緒相互作用，糾結一塊，造出恐懼。

折射即是完美的透鏡，協助我理解、分類源自「聯覺」的恐懼；聯覺意指通常不相連的感覺卻彼此相連，對某些人來說，意指看得見聲音或嘗得到氣味，對我來說，則是代表我感覺得到顏色，也看得見，每道顏色都有其個性。看見光譜上的恐懼，恐懼則變得更加清晰，也更加獨特。

要得益於這種看待事物的角度，不需要有聯覺，也不需要承受那一籮筐壓得你變形的恐懼。我們有意識無意識間都會感受到恐懼，也會面臨恐懼緊抓著不放而難以掌控的時候。遭到恐懼囚禁的這些時刻，有沒有人告訴過你，要慢下腳步，或停下來，喘口氣？說起來，折射的作用就是慢下來，喘口氣。光從一物質穿越至另一物質時，會改變速度。光穿過玻璃或水時，速度比穿過空氣還慢（玻璃和水折射率皆較高），光波就會減緩。以經典的稜鏡例子而言（例如我媽的水晶牡蠣殼），光會接著分散成七種可見光：紅、橙、黃、綠、藍、靛、紫

（加上紅外線與紫外線兩種不可見光）。

　　換句話說，減緩光波速度，就能看見光的另一種面向：綻放出完整光環，呈現繽紛色彩。稜鏡效果賦予我們嶄新的角度，將某種單一面向與令人炫目的事物轉化為光譜，顯得更為清晰，甚至更為神妙。如果我們想適當理解自己的恐懼，就必須依樣行事：從嶄新的透鏡向恐懼看去，如此一來，我們就能從不同角度看待恐懼，進而改變應對的方式。換句話說，我們得探究所懼怕的事物具有何種波長。

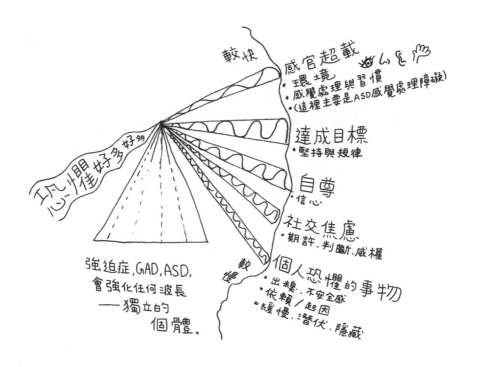

探究光波

折射出現是因為光不以直線行進，改以波的形式行進；波是依據任一時間的能量差異而振盪與波動，透過波，光能在空間中傳播，聲波、無線電波、X光、微波也是同樣原理。我們身旁充滿了各種波，唯有光波實際可見。

無論是漁船用來接收長波無線電（唯一可在海上使用的通訊）的波，還是你用來熱飯菜的波，每道波都有自己的頻率。高頻率波具高聳的尖峰，彼此挨得很近，猶如特別高尖的瑞士三角巧克力（Toblerone）；低頻率波的彎曲程度比較柔和，形似隨意盤繞的蛇。頻率愈高，攜帶的能量就愈高，在稜鏡中行進的距離卻愈短，因為高頻率的波與其中含有的原子互動，分散了能量。光的頻率愈高，與比空氣密度還高的介質（例如玻璃或水）接觸時，偏折角度就愈大。波的行進速度影響我們的所見所聞：在暴風雨中，會先看見閃電，才會聽見雷聲，原因即是光的行進比聲音快（經空氣傳播時，光的速度比聲音快了將近一百萬倍，行進無阻，聲音則須與其周遭元素互動）。事實上，閃電與雷聲是同時發生的。

光經由稜鏡折射時，因玻璃的折射率較高，使得光波速度變慢，落在可見光譜上，我們才看得見各種顏色。折射率即為量化相對於某物質的光速，也可用於測量光學密度，藉此說明光穿越密度較高的物體時行進速度較慢（密度由高至低依序為玻璃、水、空氣，光穿越玻璃的時候，速度會愈來愈慢）。

光穿越玻璃時，先前看不見的便會顯現：光之中有不同的

顏色，每種顏色的波長各異。紅光的波長最長，行進距離最遠，經過稜鏡時偏折的角度最小；紫光的波長最短，偏折角度最大。不同的波長說明了為何彩虹的頂端是能橫跨最遠的紅色，底部則是紫色。

波長對於恐懼與光的類比十分重要，原因有二：第一，恐懼的初始感覺，扎眼的白光，都不止單一面向，其實包含了許多情緒、觸發點與根源。第二，兩者輕重不同：我們的恐懼與焦慮恰如光之中的各種顏色，也各有其波長，強度各異，有些在短距離中鮮明閃爍（我的話，可能是在街上聽到喧囂噪音），有些比較沒那麼引人注意，但會在腦中如鼓點般持續（例如我很懼怕直視別人的眼睛）。最強力、最顯明的情緒儼如頻率高的紫色，劇烈跌宕起伏，而絮絮不休的感覺好似較閒散、持久而頻率低的紅色。還有，如同海況，有時不同的波會結合成恐懼海嘯，你無能為力，抵禦不了海嘯鋪天蓋地。

恐懼威脅老是迫使我脫離常軌，如今我找到了處置恐懼的方法，堪稱人生最重大的突破。焦慮並不是棲息在腦袋裡的單一成分固體，而是含有形形色色成分的液體。折射的概念有助於我們區別這些成分，拆解讓我們害怕的事物，分辨高頻率與低頻率的觸發器，最終找到處置的方式。

我一感受到驚嚇襲來，為免情緒崩潰全速運轉，便會使用稜鏡效果來診斷情況。是高頻率波嗎？是我緊鄰環境的感官觸發器？情況正如不小心擦身而過的人大聲叫囂或尖聲咯咯笑？還是低頻率波？好似那些持續占據我心神的念頭：害怕未來、害怕生病，或是害怕讓我發癢的針織套衫會引發乾癬？

　　我是因為ADHD而恐慌嗎？周遭刺激不夠多所以感覺作嘔？還是因為ASD？太多選項令人眼花撩亂，反而心靈荒白一片，所以得窩進洞穴？一種感覺宛如打旋向外，是那種愈轉愈快的戶外遊樂設施；另一種有如螺旋向內，與外在世界切斷聯繫，回到我自己。除非我釐清是哪一種、什麼緣故，否則面對情緒崩潰的引力，只得兩手一攤，束手無策。

　　既然世界上根本不存在「征服」恐懼一事，若真想更妥善處置恐懼，你得理解自己面對的是什麼，要是不懂，就半點用處都沒有。我們需要一副稜鏡。事實上，我們需要變成一副稜鏡。

成為稜鏡

　　面對恐懼，自然會想減少恐懼。我們心想，如果可以將恐懼盡可能壓縮到最小的箱子裡，鎖進心靈最偏僻的幽深之處，就能掙脫其縛力，無拘無束了。然而，希望恐懼可用這種方式控制，無異於認定太陽有一天不會再升起。若我們會因為某事泛起焦慮，就會持續籠罩在其影響範圍之內，非得等到釐清了原因與對策，才能順利脫離。就算我們本能想到的辦法是拒絕理解恐懼，但可不是選項。

　　我試過拒絕理解這方法，放棄我享受的事物：參加泥漿路跑與極限運動、以原價購買頂級嚴選果醬（想故意違抗某個只會趁特價買的前男友），或者甚至——可遇不可求的宏願——談戀愛。我全都想要，但我知道全都會讓我害怕。但拒絕理解

比恐懼還糟糕：好似某種心理便祕，將你困入圈套，最終讓你討厭老是打安全牌的自己。像這樣隱藏自己不透出光，可不會比屏住呼吸還永續：你的靈魂終究會窒息。冒險感受到害怕，總比什麼都感受不到的好——要讓自己足夠透明，讓閃耀的光穿越。

　　戒掉焦慮觸發器根本不管用，所以我知道得找方法讓自己在焦慮面前變得透明，意味著我本身必須變成稜鏡——不是壓縮恐懼，而是攤開恐懼，讓閃耀的恐懼穿越自己，分解成我可詳細審視的各個組成部分，能更深入了解其本質，最終能與其應對。

　　恐懼無形，存在於我們的心靈，因此我們也得成為心理的稜鏡。我們得訓練心靈過濾掉恐懼，讓恐懼穿越虛擬的折射稜鏡，而不是讓名為焦慮的白光障蔽了理性思考的能力。這做法並不是輕輕鬆鬆很快就學得來。良好的切入方式是回顧以往的情境，嘗試建構出你所害怕的人事物，通常會有多種促成因素，所以得一個個輪流建構，思量各因素如何互動，區別造成恐懼的因素以及促使恐懼加劇的因素，回想哪一種情緒最鮮明、最傷神，梳理不同股的繩線，以便獲得完整的情緒光譜，橫跨高頻率的觸發器與低頻率的焦慮。如此一來，你可以勘測出恐懼，將無形的懼怕感轉變為未來可理解、可解釋且更方便摸索的事物。

　　時間一久，你會愈來愈熟練，有一天，你便能即時折射，拿起心理的稜鏡對著所浮現的恐懼，祈望找到方法，讓恐懼穿越。這方法並非萬無一失，但我練習愈多次，那些日常生活中

老是意外席捲而來的恐懼與焦慮，我就愈能應付：一開始是每天早上願意踏出前門，後來逐漸可以應付通勤，設法處理工作與社交大小事。以前的我是海綿，一味吸收恐懼，滲透入裡，直到再也吸收不了，但現在的我努力變成稜鏡，可以折射高強度的光束，讓光穿透自己。

　　我想盡可能變成密度最高的稜鏡，將所有對於特定事件或恐懼的體驗整合至同一處，逐一排列，藉此賦予我處理能力與心理密度，以降低恐懼行進的速度，正如光穿越玻璃一般，減少被壓制在地的機會，而我可以回穩陣腳，直視那些甫攤開的顏色與枝節，細細梳理新的絲線。如果我遭到焦慮糾纏，腦袋開始如黑暗中的迪斯可球旋轉，恐怕難以應付，唯有變成高密度的稜鏡，拖慢恐懼進攻的腳步，才能讓光透入，讓我好好處理。

　　舉例來說，要是有人叫我直視他的眼睛，一陣短波白光般的恐懼會立刻襲來，此時我必須迅即回防，否則深植本能的恐懼會重擊我ASD身分的核心，整個人直沉至底。藉由稜鏡，我卻能區別白光中某些波：最長最紅的，代表我對人際接觸的深深恐懼，較鄰近的紫波，是別人的灼熱眼神，燒透我在公共場合戴的面具，看穿我訓練有素的外表，展露我焦慮不安的核心。一旦辨識出絲線般的思路，即能開始梳理：沒錯，我不愛這種人際接觸，但我從經驗中得知，與人接觸並不會受傷害；不對，這人直視我的眼睛應該不是想剝開我的保護層，揭開我深埋的一切，只是想和我聊聊，光只是看著我，才不會發現我對他們僅憑觀察而有哪些想法。唯有將不同股的初始恐懼梳理

開來，我才能帶著這種邏輯逐一承擔起恐懼之重。想在最原始的白光狀態下梳理恐懼，除了不可行，亦不合理，首先得使恐懼行經稜鏡。

構築起這種密度的同時，也是集聚所有思緒的好機會；做決策時，並不是依據恐慌或焦慮的時刻，而是依據過去經驗累積的資料模式，如此可改善的不僅是回應恐懼的方式，還有整體的決策過程：是一種高強度的心靈鍛鍊，酷似今日健身房內愈見流行的高強度間歇訓練課程。

那麼，我們要如何開發並磨礪心理的稜鏡，達到所企求的境界呢？就從當個稜鏡開始吧，學習變得更加透明，更加坦率。我們不能再對害怕的事物感到羞恥，誤以為害怕等於軟弱，應該要秉持誠實開放的態度，不要怯於向親朋好友傾訴內心最深層的恐懼，當然也不該羞於告訴別人，無論是親密好友還是專業人士，都該據實以告。坦誠面對害怕的事物，是發展稜鏡心態的必要步驟，得以擺脫原本壓抑恐懼的衝動，準備好從這個新透鏡看待恐懼這事。容我提醒，這方法是個雙向的過程，因為要坦誠一切，必須有安全感。若是在高壓環境下，你得有一番表現，恐怕很難有安全感，例如在專業領域上，我們不斷受到驅使，得固化剛硬、陽性、疏淡的那一面形象──依我看來，這種折射率可是超級低。

不同材質各有其折射率，光穿越各種材質的速度迥異，坦率面對的方式當然也是人人各異，我們都必須找出自己覺得舒適的程度。有些人會發現自己比別人更容易坦率面對。我的話，素來沒什麼祕密，直接表現感受，也會擺明說話，坦蕩蕩

面對他人，也坦蕩蕩面對自己。缺少現實主義濾鏡的我，看到倫敦地鐵上用來激勵人心的海報寫著「在你身上任何事都可能發生」，大概會覺得這話代表我即將染上致命疾病，或者病早已悄悄上身，我要死了。你可曾想過，可能就是太坦蕩蕩了，結果每一天都焦慮過載？歡迎加入我的行列；你看清了自己的各種畏懼，這樣的人生很辛苦。

　　相形之下，你可能是個更傾向保留感受的人，比較不願意傾訴恐懼，諷刺的是，起因是畏懼遭到別人批判。但如果我們想掌控恐懼，勢必要坦率誠實。在你真正學會如稜鏡一般思考、行動之前，都得拚命模仿稜鏡的神妙能力，努力將焦慮光束轉化為原本那迷人、可理解又可控制的波長。處理恐懼的第一步是更加坦誠，坦誠也是重新感受活著的途徑。假使你一想到坦誠就毛骨悚然，太棒啦，代表你確切知道該從哪裡著手。

讓恐懼化作靈感

　　我這輩子都在和恐懼焦慮扭打撲騰，最終獲得重大的體悟。焦慮並不是我應擔起的責任，反而是我最重要的強項，讓我在腦中加速推演可能發生的結果，而且得出結果的速度快好幾倍（出於必要，因為腦中有超多資料得處理）。我在本章描述的方法對我來說意義重大，能將我扶搖直下的焦慮發作轉換成潛在的頓悟：放大我處理的力量與能力，整合經驗與想法的絲線。

　　這些技巧有助於我如常運作，以免受到恐懼淹沒，但不

僅如此，我檢視恐懼白光，還獲得大大啟發，就像人必定趨向用火的本能一樣（火是極大危險來源，但也主導了人類的演化），同時也說明了兒童必定會想直視太陽的原因，才不管（或許該說尤其是）大人說直視太陽有多危險。

心理「折射」是種處理機制，也是種催化劑，促使恐懼的刺眼光線分散成令人驚豔的事物：彩虹的顏色。同樣地，我們害怕的事物也蘊含能帶來啟發的點子與刺激。恐懼滿載著繁星般的念頭，若能以可處理的方式逐一分辨，便有助於我們以不同角度看待自己，看待世界。與挑戰我們界線、讓我們害怕的事物互動，也代表接近讓我們感覺活著的事物──啟發我們下次該試什麼。

拒絕理解恐懼除了難以減少害怕，還會讓你錯過許多事物。如果我從未挺身面對直視別人這種恐懼，應該會失去許多我最珍視的人際關係，而且原因正是自己覺得人際關係很難建立。我可能不喜歡與別人的目光對上，但我知道結果通常會很值得。

你努力不想害怕，不去接觸新鮮或意外的事物，也會限制由此激發的創造力，少了啟發以及驚豔的機會，人生會停止學習、進步、演化。恐懼是我們的一部分，如果想要關閉恐懼，也等於關閉一部分的自己。我愈知道如何應付恐懼，就愈能體會恐懼的重要──以及假使恐懼從人生缺席，我會多麼遺憾。

恐懼很有趣，因為，雖然你對我的印象可能是我的恐懼無所不在（某種程度上是真的），從另一個角度來看，我卻是大

無畏。舉例而言,要我告訴別人自己的想法,從來不成問題,連一般人可能會害怕的權威人物,我也不怕,別人的批判對我就是沒有任何影響,因為畏懼自己的同類就是不合理。

我十歲時,上課寫信給爸媽,但遭到沒收。當時我對著校長說:「管好你自己就好,不要再看我的信了。信不是寫給你的,是寫給我爸媽,你不該打開來看的,又不關你的事。」猜猜校長怎麼著?我一說完,數小時的責罵劈頭而來,但我毫不畏縮,不怕他那不成比例的雙耳,也不怕他那穴居人般層層厚繭、直接點名我進他辦公室的手指,我認為自己言之有理,也不會只因為他處於權威地位而有所懼怕。許多人對於權威人物戒慎恐懼,但這類濾鏡就是不存在於我的腦袋,別人得透過動作與行為,經過一段時間才能贏得我對權威的敬重。

提到恐懼,我們都有自己專屬的焦慮。你怕,我可能不怕,但放不進你眼中的小玩意,我可能怕得要死,被別人評為「誇張」、「很沒必要」(結果事情一定會變得更糟)。我缺乏普通濾鏡,所以會過度曝光於平凡事物,還有許多社會習俗與常規,我一直以來都沒認真反芻自己的經驗,也根本沒察覺。我會同時遭ASD壓垮,又會因為ADHD,待人處事冥頑不靈。我可能會因為健身課程的固定流程改變而整個人大亂,聽聞家人或朋友罹癌時卻非常平靜(所以我是個糟糕的健身夥伴,但我善於傾聽,療癒人心)。如果你真得與#nofilter共存,可能會很迷惘,但也確實擁有神經多樣性的優勢,一展與眾不同的實用技能。

無論你自備的濾鏡是多是寡,有一個我認為無論如何必

備：映射恐懼的稜鏡。我們需要稜鏡的分散效果，將令人難以招架的恐懼轉變為可以掌握的力量，而最終，真誠接納這種力量。我們必須將目標設在掌控恐懼，不能只是一味將恐懼從人生中驅逐。恐懼為我們所必需，也可以成為鼓舞與激勵自己的一種方式；感到驚恐的時候，也會想起人生中珍視的人事物，再次發覺自己具備保護所愛的人類本能。

　　假若只顧著將恐懼鎖進內心的箱子，就會損失所有益處，又承受所有耗損。相形之下，接納恐懼並讓恐懼穿越心理稜鏡，則有助於將恐懼轉變為可掌握的資產，一如將潮汐能轉換為電能。我知道，我生命中肯定不會有哪一天沒有恐懼，但我也深知，幸好有恐懼，讓我真實感受到活著。恐懼此物，不需要「以光照明之」，恐懼本身就是光，得以闡明與之共存的方法，甚至從中獲益。這正是為什麼，ASD 灌輸給我的恐懼，我並不視之為亟需解決的問題，而是個刺眼且炫目的優勢，供我善加運用。

第五章
如何尋找和諧
波理論、和諧運動與找出共振頻率

　　對天下任何家長來說，漫長昏灰的下午，搭配百無聊賴的孩子，必定是數一數二傷腦筋的試煉。換成是百無聊賴、有 ADHD 的孩子，試煉的困難度上升一倍。我老爸向來是個滿分的家長，尤其在於他有無窮無盡的好點子，找事情給我做。

　　他知道，給我機會動手實驗，是遏止無聊的最佳良方，其中一項實驗是定期到家附近的河邊打水漂，用這種簡單又歷久不衰的娛樂活動，擺脫令人暴躁難捱的週末、夏季假日的下午。

　　我很願意打賭，讀到這段的大家一定都有打水漂的經驗，你應該和我一樣，看過無數次石頭噗咚直接沉下水面，無法達到終極的圓滿：石頭雀躍點過水面，所經之處漾起圈圈漣漪。我老爸會對我們說，石頭的這個動作激盪起河川生命──沒事發生就沒事發生。

　　我癡迷的科學習性引領我花上數小時尋找最適合打水漂的石頭：必須表面平整，讓我能在水面上創造魔幻漣漪。不過許多次，我只打出教人沉鬱的水花，僅在鮮少時刻，打出的水漂

臻至完美：水面紋了頂飾，似是渾然天成，為堪稱迂迴的河道增添沖沖興致，此時水面與擾動水面的物體達成完美和諧，施予抗衡力量，推動石頭盈起躍進，繼續征途。打水漂讓我早早體認到動作之美與其重要，以及，創造正面或負面影響，通常僅有一石之遙。

在我們人生的平靜表面，新的人事會一直丟擲出圓石，有些圓石會沉沒，教人痛惜，有些圓石我們根本沒注意，但偶爾，還是有業餘好手打出在水面上輕盈跳躍的圓石，有時恰好以正確角度擊中我們。人生旅途上，有些人會扭轉我們的人生，往更好的機運邁進，有些思想協助我們以不同角度看世界，有些閱讀改變我們的觀點。新的機運如圓石般掠過，於我們的意識裡泛起漣漪。

我深信這類時刻並非意外，或者，至少不需要是意外。要讓圓石彈越過河面有技巧可言，這種共時性呢，也有科學可解釋。波，如石頭渡水激起的水波，是用來理解運動、動力學、力學的基礎，物理學上某些舉足輕重的概念，源自對於波的移動、振盪以及互動的研究。

在這個層面上，人類與光、聲音、潮汐相差無幾。我們的個性、人際關係、心情都會如波一樣振盪——路途上將遇見平行波、對立波而高低起伏。振盪、和諧運動、波理論背後的力學，有助於我們了解自己性情的變遷——以及該如何與別人搭配自己內心彈的曲調，並與界定人生的人事時地物保持同調，避免不和諧。

和諧運動與振幅

大概會是許久以前了吧,但我很願意打賭,你必定還記得童年到公園盪鞦韆,互比誰盪得高;也有可能,你現在有個小小孩,一直乞求你再推大力一點,盪愈高愈好。難以忘懷的是那鞦韆擺盪的韻律,乘風馳騁至圓弧頂端,再悠哉搖回底部,往往復復,一遍一遍,逍遙自在,其樂融融,最重要的是,牢靠穩當。鞦韆一頭是向心力(使物體沿著圓周軌道運動的作用力,此力恆指向圓心),防止你脫出圓弧線而飛向遠處,另一頭是爸媽或手足在底部「接住」你,安心身影讓你受到妥善保護。

簡陋的遊樂場鞦韆不僅是童年熱愛的玩物,亦不僅是塑膠椅座和幾條金屬鍊接上框架,更是振子(oscillator);此一系統意指在兩固定位置之間重複出現的運動模式,也是簡諧運動(simple harmonic motion)的實例,意指帶你回到底部的力恆等於一開始從平衡點「位移」(把你推出去)的力。振子的其他實例包括彈簧、老爺鐘裡的鐘擺,均為物理學的重要實驗工具,用來建置遠比遊樂場任何設施複雜的系統模型,也有助於闡發波理論與力學的原則,使我們對於個性與人際關係有嶄新的認識。

振子如人,有時可預測,有時難以逆料。振子雖有可預期的路徑可循,但會依施予的力不同而產生變化:以鞦韆的例子來說,你可能會在地上拖著腳步,製造摩擦力,或者你用力推,使身子往外蹬去,加速形成顯著的節奏。我們的個性可

能會受到抑制或變得極端,振子也相同,其振幅(指圓弧的峰谷)可能高尖或扁平。

欲了解遊樂場的鞦韆蘊含的啟示,我們得將振盪以波形呈現。

這張圖中,水平線即指起始位置的平衡點,我們靜止坐在椅上,等著別人幫我們推。波的最高點與最低點即為振幅,基本上就是鞦韆盪出的圓弧「大小」。無論是海灘打上的浪波,還是耳機裡播放著的聲波,每道波皆有振幅,反映出看到的波形大小或聽到的聲音大小。振幅的大小與其所攜帶的能量多寡成比例:此能量即為我們推進鞦韆的力量。波也有頻率,亦即振盪的速率,基本上是用來測量速度(波峰比較密集,代表移

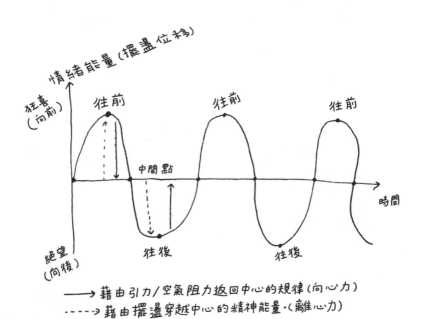

動速度較快）。

　　上一章以光與折射的角度重新詮釋波，這一章，我希望各位運用相同的稜鏡檢視自己。正因為在鞦韆上的我們實際上乘著簡諧運動的波，我們的人生與個性也各自具備固有的波形。

　　想想你那些不動聲色的朋友，似乎挺能控制情緒，不會因為問題而過度煩躁，表現基本上「穩定」，個性為低振幅，從不會離情緒安定的平衡點太遠，將這人推進向前和拉回原位的情緒力，從來都不會太強大。這趟鞦韆之旅，緩慢、穩定、順暢：沒有起伏，不會暈車。

　　另一方面，高振幅個性的人有更多能量可燃燒，情緒峰谷更加極端，盪起鞦韆來也很可能更疾速，頻率更高。這種鞦韆之旅可能折騰，扶搖直上天際，緊接著急轉下衝，顛顛簸簸，突如其來又益發陡峭。當然，我是在說自己，尤其是我ADHD的狀況。

　　以另一個經典的簡諧運動實例來比喻ADHD，是捲繞的彈簧。振盪衝勁之大，毫無耐心，可能會威嚇旁人或使旁人困惑，能量多的結果是振幅更大、更不穩定、更劇烈起伏。由於推力比以往大，根據運動定律，盪回原位的力也會更大。這些放大的「向上」與「向下」之力，從振子此端到彼端，不斷橫衝直撞，要與之共存，可會令人筋疲力盡。

　　瘋狂的ADHD波形反映的是，有更多能量擠進一天生活中的各種參數，需要我們以超高頻率運作，導致衝動行為，注意廣度短。能量總得找地方發洩，所以振子得轉動曲軸成為較高頻率與較大振幅，製造出口，而衝動大多與慣例背道而馳，可

解釋為什麼有時候黃昏時我穿著睡衣，走出戶外，毫無理由就跳上彈簧墊：我內心的彈簧線圈也緊緊捲繞，猶如在腳下推我跳向落日的彈簧線圈。

　　個性無論振幅高低，皆各有利弊，我們必須了解自己的性情擺盪速率。最近因為我診斷出ADHD，才更妥切察知自己的運作模式，並依此做出有效的調整：從住所到交遊的朋友。人生若要自然而然如盪鞦韆般「享受」，則必須明瞭自己與旁人的振幅；唯有明瞭彼此的振幅，才能期望在自己內心找到能量充沛的和諧——這才是能在他人身上找到同等和諧的基礎。

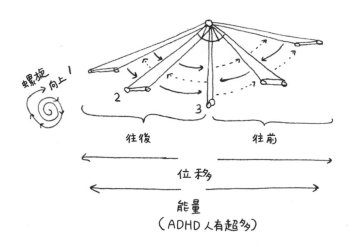

相長干涉與共振

　　察知振幅有其必要，原因是波與振子並不會孤立存在。諧振子（harmonic oscillator）並不存在於完美、無摩擦力的世

界，彈簧上的球不太可能永遠來回跳動，坐在鞦韆上的孩子也受到各式各樣的影響，例如風阻力，還有等著鞦韆落下的人。

人生的路程也是如此。你以為名為個性的波會在時空裡逍遙行進，沿路都不受干擾，欣喜走過，事實上才不會這麼單純，必定會遇到其他波並與之互動，改變實質的形式、步調與方向。

有兩種概念不僅可闡述這種過程，亦可呈現我們必須準備好面對與調整的外部情況。一種概念稱為干涉（interference），意指兩波合成時的現象，另一種稱為共振（resonance），意指外力對於波形的影響。

干涉

干涉意指波的合成，以及波與波之間互相影響的效果。兩波互動時會「疊加」（superposition）而形成新的波，即兩個振幅交會時的總和。

結果則有兩種。其一為**相長**干涉（constructive interference，又稱建設性干涉），意指振幅同步的兩波合成更大型的波。大概像是你坐在沙灘上，看著海浪滾滾而來，一道撲倒另一道，浪峰愈疊愈高，應用在現實狀況，就是遇到可以讓你變得更好的人。

不過波，無論是光波、聲波還是潮汐波，並不一定同步。兩波交會時，若一道在波峰，一道在波谷，結果則相反，兩道相對應的波有效抵銷彼此能量，回到平衡狀態，稱為**相消**干涉（destructive interference，又稱破壞性干涉）。波峰的正向振幅

與波谷的負向振幅相加為零：什麼都看不見、聽不見。正如你遇到的某些人，會干涉、損蝕你的原本生活，榨乾你的能量與快樂，他們的負面影響會中和你的正面樂觀。

另一個例子是我畢生摯愛也最最重要的隨身物品：降噪耳機。我出門必戴耳機，耳機賦予我一面盾牌，阻擋咖啡廳的語笑喧譁、街道上救護車的嗡咿嗚笛、從汽車窗戶傳出的漫天叫囂。幸虧相消干涉，我可以安穩摸索原本不可能置身的地方，降噪耳機創造出的聲波足以與周圍聲波產生反相，我的耳朵就接收不到任何外在聲波：合成波振幅為零，達成平衡。

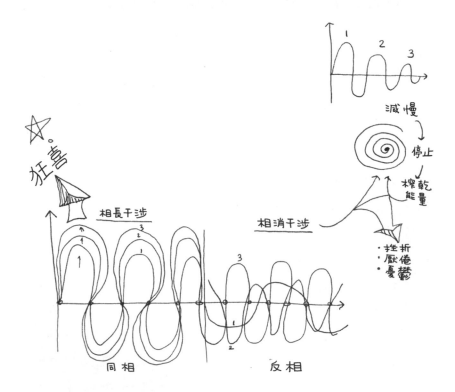

也就是說，波可以互相加成或抵銷。波可合成為比自身更大的波，也可以互相衝擊達至平衡：此時噪音消止、光源熄滅、能量歸零。波還可以在波譜上形成各種變異。波之間會不和諧，並非源自固有屬性，而是彼此交會的時刻，兩波同步時相長，反相時相消。與人生中任何事物一樣，時機為關鍵。

共振

時機對於共振來說也至為關鍵，在波理論與和諧運動開設的人生課程中列為基礎概念。時機在此意指波系統最能自然運作的「共振」頻率：你用手指敲裝酒的玻璃杯發出的聲音，遊樂場鞦韆自然晃動的圓弧。共振力來自力的交互作用：要衡量共振力對於某物體的影響，得多著重於彼此頻率是否共享，而非力的大小。換句話說，鞦韆沿著圓弧盪回來時，若錯過關鍵時機，使出狠勁推一把，可能也飛不高，倒不如找到與共振頻率吻合的正確時機，只消輕輕推一下，也會飛得很高。又或者是那盛酒的玻璃杯，相同頻率的聲波所施予的力足以震碎酒杯，若是不同頻率但音量超大的聲音（加上較大振幅的聲波）可就無法。

共振與干涉說明的是，共時性（synchronicity）才是大自然中真正能扭轉局面的因素，「同相」通常比極度強大的力量還影響深遠。無獨有偶，人類個性與彼此合拍——或不合拍——的方式也是相同原理。如果你曾和哪個新朋友或愛慕對象「一拍即合」，就會懂人類版的相長干涉：這段關係趣味橫生、激盪人心、生機勃勃，一加一遠大於二，若非兩人攜手，

可攀不上此等境界。另一方面,你大概也經歷過相反情況,有人跟你超級不同步,似乎拚命地一點一滴吸走你的能量與快樂。嘈雜聲響會因為反相波「降」至平衡,我們的精神與個性也會因為不合的人而慘遭中和。這些相消干涉型的人會讓我們自責、過意不去,不可能好好享受一切。

我常覺得自己和社會上其他人銜著不同的波長,但研究頻率、干涉、共振後,就更知道如何處理社交互動時的起起落落,藉此釐清該和誰交朋友,哪些人與情況會讓我上天堂,哪些會害我墮入地獄,還有要如何善用我稍微極端的個性:我知道在別人眼中,我可能很「難搞」,但我實際上也給得出滿滿的愛。下一步,則該來探究如何透過這些概念與身旁的人同相:善用可豐富自我的人際關係,遠離會貶低自我價值的人際關係。

兩波同相

我從很小的時候就一直與他人有種疏離感,覺得他們懂我不懂的事物,他們的感受我無法理解。我花了大半輩子才體悟到,我與大多數人類同伴的波長並不相近,而且不僅是在象徵意義方面,實際上在神經構造方面更是如此。

光波與聲波以不同頻率在空氣中傳播,我們的腦波也有不同的行進方式:進入睡眠時是δ波(delta wave)、θ波(theta wave)這種緩和的低頻波,放鬆甚至耍廢時是稍高一些的α波(alpha wave),積極參與需要警覺專注的活動時是高頻的β波

（beta wave）和γ波（gamma wave），依據所處情況，腦波可能創造安撫躁動神經的和諧樂曲，也可能創造砰砰騰騰的擊鼓聲。

由於ADHD，你的腦袋通常在某特定情況會產生不該出現的波長：與同伴節奏不一致，跳起自成一格的神經化學版靜音迪斯可。研究顯示，手邊的工作若需要較活躍的β波出場，ADHD腦很容易卡在θ波模式中，最終結果是時間感與空間感崩毀，墮入朦朧恍惚的窘境，好似生活在水下，世界以某種速度運轉，腦袋則是另一種，可能帶來各種焦慮，你的日常是奮力找到方向感，能量卻消耗淨盡。管理我的心靈一如照顧一整室蹣跚學步的兒童：斷斷續續的休息，但太長時候都在嚎哭、尖叫、笑鬧，控制不了。

你想了解這種感受嗎？不妨想像你打算在車水馬龍的街道疾駛法拉利跑車，你的腦袋想奔馳的速度就是和所處環境不相容。你從這點跳到那點，不斷踩心靈版油門，但四周有一大堆行人，有車輛、紅綠燈，儘管腦袋想開得更快、再快、超快，卻不停碰撞上日常生活的交通寧靜措施：記得帶鑰匙、準時上班、吃午餐、善待別人。好難，真的好難。

ADHD不僅讓人很難長時間維持專注，還很容易衝動行事、陰晴不定，一下子高興得手舞足蹈，一下子又萬念俱灰，氣力放盡，注意力也狂野奔放，擺盪不羈，彷彿風向標，應付著一陣陣教你分心的強風。

我可能走進廚房，單純想弄杯茶來品嘗，等茶煮好的當下，隨手翻開一本書，內容好有趣，想記下文句，就這麼摸找

筆記本去了，整個忘記在煮茶，又靈機一閃，決定活動活動雙腳，買些雜貨，回家路上順便嚼嚼口香糖來平緩焦慮，卻瞬間憶起慘遭我放生的茶，茶漬都咬上馬克杯啦，只好匆匆戴上金盞花牌橡膠手套，得洗掉啊，但先開 Instagram 發個戴手套的照片好了，結果又把洗杯子拋到腦後。不過是想喝一杯茶，如此大費周章的結果是永遠喝不到。

我的 ADHD 大腦是高頻率、高振幅的野獸：波峰和波谷有如天懸地隔。

代表我和其他波長互動時必須多加小心：為了自己好，也為了別人好。我知道自己不時會有**一點點**激動，體內固有的能量與熱忱會滿溢而出，別人會感覺我很衝、過度直接、情緒反應太超過。

「小蜜，你太過頭了。」我以前常聽到這話。現在我在職場上，必須確保自己一股腦地說明意見或自陳想法時沒插嘴或放大音量，導致意外冒犯了誰。我也該提醒自己，熱忱不是原罪，我得持續展現靈魂，畢竟，大家都很愛有個精神奕奕的人（或一盤烘焙食品）襲來，為沉悶的辦公室環境提高士氣。處理自己與外在世界的關係，是處處充滿不確定的業務，恍如操作故障的收音機：有時候恰好調到正確的頻率，但平常面對的是一陣陣令人哀戚的靜電噪聲。

同時，我得注意照顧自己，確定我生命中其他波長（人、地、事皆有可能）偏向相長，偏離相消。我這輩子好幾次陷入憂鬱，深深相信問題根源是發現自己天生的振幅與所處環境太不同步，根本無法敉平歧異，只見我耗費的能量愈來愈多，雖

想繼續前進，大多仍是徒勞，我高振幅的靈魂通常會跌至痛心刻骨的靜止狀態。我與周遭環境的差異愈擴愈大，就愈來愈寂寞孤僻，因徒勞無功而灰心喪志，對自己天生的個性與需求深感懷疑。憂鬱來自這種無聲的邏輯推演，質問自己，也質問周遭環境：我害怕每件行為都會是錯誤的決定。等到我終於可以運作的時候，是消沉抑鬱的狀態，將真實自我埋到深處，戴上正常人的面具，與人互動，反倒消耗我更多能量，而且時間一久，事態只會逐漸惡化。

　　我第一次有這種經歷是在讀博士班，當時達到的階段是，已經重寫四次的東西，我還是得確定每個逗號精準無誤，心裡有太多想法呼呼掠過，每個我都想做，但得逼迫自己返回最低的振幅。時間一久，我得愈來愈用力限縮想像力，抓穩專注力，所有的能量與熱忱卻開始流瀉清空。每天，我更遲一小時起床，連要活著都很難，哪可能有辦法專心應付高壓工作。

　　更近期我搬去斯勞（Slough）區時，又有類似經歷。當時接下了工業園區朝九晚五的工作，以為某種程度上應該是個可以放鬆身心的「空檔年」，不過，隨著咖啡店的集點卡一張張囤起，緩慢的自動門一次次開闔加深了阢隉不安，根本不見心想的放鬆，不僅沒獲得任何所需的啟發，又再次覺得與周遭環境一點都不同步。我幾乎感覺得到自己的能量沉進米黃色地毯，浸入螢光之中。最後，總算來點好事，因為在二十六歲的年紀，交了些好朋友，獲得ADHD的正式診斷，有助於我進一步掌握從這星球、這物種上常體驗到的不對稱感。

　　兩次事件的教誨如此，再加上好好壞壞的友誼與人際關

係，我的體悟是，必須細細察覺振幅之間的歧異——無論是兩人的波長，還是你自己與生活環境、工作環境之間的波長。我天生振幅與能量都如此大，振盪亦大，有新點子時自是狂喜不止，有怪味或討厭的顏色則是勢不可擋的焦慮，我絞盡心力以迥然的振幅應付人事物——這些時候我以為別人會很冷漠，甚至充滿敵意，也一直過度思考我要怎樣才能（或不要）合群。

　　如果別人天生就比我更隨性、更悠哉，那他們絕對會使我

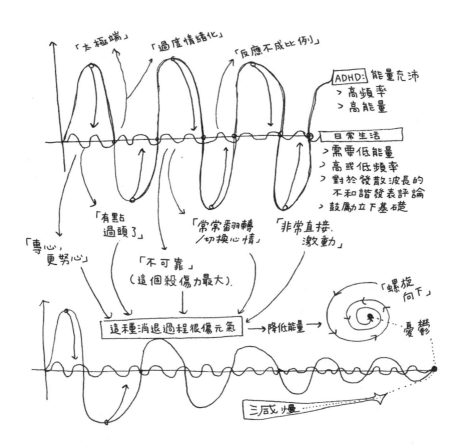

受挫，但我同時也幾乎都會感到一絲內疚，因為每次我都太咄咄逼人而嚇到對方。這就是為什麼，除了我知道會「懂」我的那些人之外，我寧願與自己獨處，也不要和我知道結果會是相消干涉的人相處。經驗告訴我，要符合環境常規與社會常規有多麼令人心累，對我來說，這種苦工一點都不值得。

不過，若說與周遭環境不同步有多麼身心交瘁、意氣頹喪，找到與自己同步的共振頻率，就有多麼美妙舒暢，堪稱人生一大福氣。與我們同步的朋友、伴侶、同事就像是在正確時機推動鞦韆，施予最小的力就能獲得極大正面效果：短短幾字的評論、玩笑、示意、訊息。錯的人會促使我們的精神及心情墮入低谷，對的人卻會促使我們的精神及心情振翅高飛。相長干涉能協助你與社交、戀愛、職場的親密好友一起活出最美好的人生，而且遠比獨自一人還美好。由於我察覺得到自己異於常人，遇到相對少數同頻率的人時，感覺確實會特別明顯，我會快步投向相長干涉的信標：那些人和我合拍、互補，有時也會輕撫磨平我衝動的個性。

你碰到這類人的時候就會知道：彼此之間無形的火花感、連結感、凝聚感、那些個什麼感，反正就是通常用來解釋彼此為何成為好友或愛人的詞彙。有時談起新認識的朋友會說「覺得我們已經認識一輩子了」，並非十足不理性的說法，雖然你可能不真的認識那個人，但彼此個性與性情的波長有許多相近，行為舉止、假設、喜好無意識間也相似，甚至還沒握手之前就有如此多的重疊，你們大部分都走在同一路徑上，走了好幾年，人生才趨近。

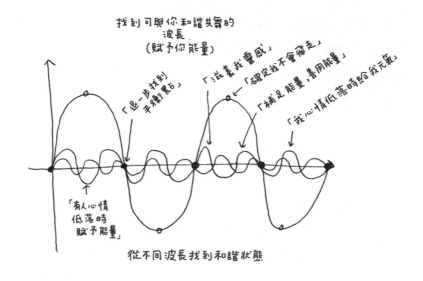

找到可與你和諧共舞的
波長
（賦予你能量）

「退一步找到
平衡點E」

「滋養我靈感」

「確定我不會飛走」

「補足能量，善用能量」

「我心情低落時給我元氣」

「有人心情
低落時
賦予能量」

從不同波長找到和諧狀態

　　我說的與人同相，不代表彼此振幅必須完全相等。與人「同相」，並不需要像照鏡子那樣。事實上，像照鏡子那樣很可能不是好事。和諧的樂曲需要錯落的音符才能搭配得宜，人與人之間的和諧也僅需要個性的同步：不必太迥異，隔閡才不會太難敉平，但也不必太相似，否則不會與彼此有效齧合並產生平衡。石頭會舞過水面，創造視覺之美，兩種物體，或是兩個人，要創造美好舒心的結晶，也不需要特別相似，更重要的是交互作用的角度，以及時機。

　　我的好友都是能在我最激動的時候，緩和我的情緒，我深陷低谷時，他們也能拉我一把，而我對他們也能有同樣的付出。正如上圖，重點在於雖然你的波形占據了夠多版面，但整個人生版圖上，也保留了你的個體性與獨特能力，以與他人互補。我們需要相互對比的波（個性）帶來改變的契機——進

而創造探索的契機。探索是科學實驗的關鍵元素，也是生命充實圓滿的重要原料。不過，這種多樣性只在特定的範圍內有效——足以使兩人適應彼此對比的頻率，認真面對天然擾動，從彼此的差異中獲益，不因差異而遭到抑制。

　　再進一步以音樂來譬喻，人生有點類似在管弦樂團演奏，但少了指揮；我們都在拉奏手上的樂器，希望創造和諧樂曲，不過團員都各拉各的調，與我們自己的調通常不一致。因為沒有指揮導引出同步連貫的樂章，我們就得凝神諦聽，找出可能和諧相處的調，還有無論多奮力也注定互相牴觸的調。我們必須諦聽的是共振：幾乎是發揮本性就足以支撐自己的人、工作環境、生活環境——由於符合共振頻率，只消以他們原本的模樣，就能發揮加乘作用。那種共振，我們大多數人花了一輩子尋求——朋友、人生伴侶、職業、家園，帶給我們內在的祥和、滿足、幸福。而這段尋覓的旅程，始自了解自身的波長，培養對他人的同理心。人生的鐘擺左搖右盪，我們都必須分辨自己的節奏，也必須找到能幫助我們隨著節奏起舞的人。

第六章

如何屏除從眾心態

分子動力學、從眾行為與個體性

　　人與物移動的方式，向來迷得我目炫。臥室窗戶攬進陽光，光映照著塵粒，五歲的我會坐著觀看這些塵粒飄浮，塵粒大多聚集一群，有幾顆必定似是茫茫然不知往何方，其量之大與分段行進的方式，全教我如癡如醉。我會任晨光鋪灑，坐好，雙目閉上，一邊感受臉上的和煦，一邊數著臉頰上降落了幾顆。事實上，我僅允許自己每天享受十五分鐘，否則看我這貪戀的程度，可真的甘願坐在這裡一整天，沐浴在曝著塵粒的陽光下。

　　塵粒的行進使我喜不自勝，規模盛大之感也使我喜笑顏開：比起其他我們幾乎看不見或不明瞭的物事，人類的數量終究真是無足掛齒。此時的我尚未接觸生物化學，在人生中的這一刻，能理解到世界上最微小的物事，是學校才剛教的「句號」。而句號不過是個代理人，用來替代我之後逐漸了解的「原子」。無論是句號、是原子，當然都握有祕密，可解釋我每天早上沐浴其中的那塵雲。

　　我坐著發白日夢時，媽媽的聲音飄上樓梯。「小蜜！我不

想再問第二次了，你吐司要抹什麼醬？」我昂首闊步下樓，戴著假的眼鏡（當時我還自詡為艾爾頓・強），不假思索地說出我心中覺得更加重要的問題。「媽，世界上有多少個句號？」她的眉毛勾起，漾出笑意。「你意思是維吉麥（Vegemite），我猜對了吧？」

　　句號這問題，我從來沒得到滿意的答覆，但自彼時起，我就開始觀察分析我周遭的世界如何移動。我會坐在咖啡廳裡，假裝讀書，實際上在觀看四周的人怎麼在各自的路徑上移動，在配合彼此的路徑上又有何舉止。哪些路徑可預測，哪些為隨機？我若想穿越人群、走過滿布焦慮的路徑，可以多仰賴他人的動態行為？

　　我觀察與閱讀：湯瑪士・霍布斯[1]談人性，阿道夫・凱特勒[2]談「平均人」（l'homme moyen，意指行為能代表整體族群平均值的普通人）。我玩《文明帝國Ⅴ》（*Civilization V*），在壯闊的各大帝國版圖中模擬人類決策。每次我搭車或坐在學校遊樂場旁時，會觀察並學習人配合他人行為的方式，以及人類移動的模式。

　　我想求解的，是個根本問題：我們的行為基本上源自個體

---

[1]　譯註：英國政治哲學家湯瑪士・霍布斯（Thomas Hobbes, 1588-1679）認為所有變化皆源自最基礎的物理變化：運動。其代表作《利維坦》（*Leviathan*）由人性出發，假設人類行為的自然狀態，進而論得國家威權的必要。

[2]　譯註：阿道夫・凱特勒（Adolphe Quetelet，全名為 Lambert Adolphe Jacques Quetelet, 1796-1874）為比利時統計學家、天文學家，率先將統計學概念帶進社會科學，提出「社會物理學」。

還是從眾？我們根據自己的節奏來移動，還是跟隨群眾的擊鼓聲？我們是組成塵雲的塵粒，還是獨自落在外圍的那顆？我和霍布斯不同（雖然我應該駕馭得了拉夫領），動機並非形而上，對我而言，是極為現實的問題。除非我帶有幾分把握，能預測身旁的人將有的行為，否則在人群之中（其實是任何靠近人群的地方），我絕對不會有安全感。我得先釐清人群的行為規律，才能喚出勇氣，經過填滿每間店、每條人行道、每座火車月臺的人群，忍受他們的可怖難聞。我得先好好研究一番，才能照顧自己，讓自己安心，不然最後又會回到許多童年外出旅行的情景：姊姊安撫躲進車上的我，外套罩住我的頭頂，阻隔雜音與光線。

　　我第一次從遊戲角度來思考令我擔驚受怕的人群，正是受到姊姊啟發。將繁忙的街道視為一種人類版的《俄羅斯方塊》（*Tetris*），可以讓我沒那麼在乎眼前的景象，還可以替我穿戴上科學家的帽子（和大衣），把害怕的東西轉化成酷愛的事情：待探究的理論問題。

　　這種轉化意味著，儘管人群仍榮登我的恐懼排行榜，觀察人群卻是我人生中一大樂趣。比起狂追網飛的劇，追蹤行人變化莫測的行為帶給我更多快樂，堪比洞穴人圍著火堆，看著火焰熊熊燃燒。覺得我無聊就說吧，但儘管是最平常不過的場景，人類行為也一點都不無趣。事實上，正如古代科學家心心念念的土、風、水、火等古典元素，人類行為處處無法預測，也耐人尋味。這些日常敘事看似乏味，一旦開始查探身旁所有岔出旁枝的情節，就算是最沒耐心的人，也可以飽享一頓

眼福，沒有了依循時間軸串好的敘事，反倒難以預測，高潮迭起，曲折離奇，寫好劇本的電視劇或電影，只能望塵莫及。

我深信人人都可以從我的觀察心得獲益良多，雖然上街走路是你不須三思就能辦到的事（我的話，要二十思）。個體與群體的衝突某種程度上適用於我們所有人。要為人生設定路程，我們都會面臨抉擇：是我們真正想要的，還是為了符合社會期待，抑或是社會逼迫我們。幾乎每項重大決策，都源自個體的動機與群體的動機，有時兩動機是往反方向拉扯；平衡個體與集體的需求，堪稱人生中最巨大的挑戰。

如果我們要信心滿滿擘畫個人路程，就必須明瞭所處的情境、旁人的行為以及周遭環境。我們的行為正常嗎？還是行為必須正常？你可以特立獨行，又不會被共同群體排除在外嗎？如果我們想要的、需要的與身旁的人都不一樣呢？為了熟知自己，我們必須向外探查，透過時間與空間，深究人群的移動方式。

群眾與共識

群眾是由集體行為定義，還是由其中許多個體定義？或者，像我這樣，為了避免與人有不必要的互動，我規畫路徑時，是否應該將個體還是集體的行動模式當作指引？

我打算從基礎切入，從我在化學課本讀到的分子運動開始，追蹤分子在力場的移動，或許之後可擴大至人類行為，為每一個體建置可預測的軌跡模式。因此，我開始觀察人類移動的方式，有些出於禮貌或友好而讓路，有些比較肯定、果斷，堅持行

使自己的通行權，可能是忙碌或想讓自己看起來忙碌，而匆匆邁步向前；有人快步，有人慢踱；有塊頭大又笨重的，也有較瘦小而靈巧的。多元混合：彷彿創造人類的原子，型態各異。

我很快就發現，想解釋每一個人的移動方式，簡直是不可能的任務，每次通勤時，本能雖想理出解釋，最後必定人困馬乏，亟需立刻打個盹。就像數塵粒那樣，你很快就會發覺自己沒時間、沒耐心、沒精力。

試圖衡量個體的行為不僅不切實際，對於科學研究也毫無貢獻，畢竟人就像粒子，不完全是獨自行動。我們是系統的一部分，系統則是更廣大的環境，包含有形無形的元素，小至其他人、無生命的物體，大至氣候、社會習俗；我們參與系統，也在許多方面形塑了系統，在有意無意間觀察旁人的行為，並加以吸收，從中調整自己的假設，間接決定之後的行動。鳥群可以在短短幾秒內改變飛行方向，是因為先前已有數千隻鳥的反應可參考，進而預測寥寥幾隻鳥的移動方向。雖然我們和鳥兒的速度不同，但在人行道上，別人朝著我們而來，我們也會推估對方的走向；大家面對人生重大決策的時候，也很可能會推測各種反應。

該系統的存在提供了衡量的基準：是更為可行的基準。你可能會先入為主地認為，分析一系統也不太能推知系統元素的行為，但動力學理論與粒子理論大概會表示不同意，原因是，雖然個體可能展現出明顯隨機且無可預測的行為，整體系統卻是比較可靠的演員，也是比較值得信賴的見證人。我在決定自己相對於他人的移動方式時，向來是以系統作為切入點。

　　箇中的關鍵概念稱為布朗運動（Brownian motion），闡述的是粒子的移動方式。懸浮在流體（可能為液體或氣體）的粒子會與流體中其他分子碰撞而隨機移動，這些我們僅能用顯微鏡才看得見的分子，憑藉數量的優勢，與肉眼看得見的分子互相推擠——其移動速度與方向由當地環境的獨特因子決定。布朗運動的啟示是，著眼大局固然重要，仍必須觀察小規模的事件，了解變化產生的方式及原因。無論你檢視的是自己的人生抉擇、群眾的行動還是某經濟體的演進，此定律皆適用。在可理解的最小層面所發生的事件，假若聚集起來，將為整體狀況帶來莫大改變。

　　如今眾所皆知世界上存在原子及分子，正是由布朗理論奠定了基礎。當時由蘇格蘭科學家羅伯特・布朗（Robert Brown）提出，用來解釋花粉中的微小粒子如何在明顯靜止的湖面上移動。該理論可一路追溯至羅馬哲學家盧克萊修（Lucretius），在其長詩《物性論》（*De Rerum Natura*）中記述塵粒在光線下移動的方式，兩千年前的他和五歲時的我擷取了相同的畫面。

　　不過，儘管布朗運動說明的是移動方式無法預測，甚至將每個粒子的行進稱為隨機漫步，其內涵不僅止於此。在顯微鏡下每個粒子都在享受手邊事務，受到身旁的液體分子或氣體分子推擠而奮勇行進，從此端到彼端。一旦變換顯微鏡倍率，開始看清全局，卻能看見殊異景象；鏡頭一拉遠，隨機性將褪去，運動模式浮現。分子的碰撞無法預測，但整體效果卻可預測。顯微鏡下的粒子藉由布朗運動，在周圍的流體中平均分散；透過擴散作用，粒子從高密度區域向低密度區域移動，直

到平均分布（這就是為什麼食物明明只放在烤箱裡烤，但香味瀰漫，你在屋子各角落都聞得到）。

　　我們每個人正如花粉或灰塵，也沿著無可預測的路徑移動，而該路徑是由與周遭環境的互動方式定義而成。不過等到所有路徑建構出模型，並集中分析（幸好有實用的多元尺度法，英文為multidimensional scaling），行進方向便益發明顯，足以釐清整體趨勢。

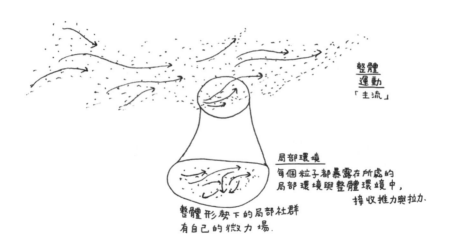

整體運動「主流」

局部環境
每個粒子都暴露在所處的局部環境與整體環境中，接收推力與拉力.

整體形勢下的局部社群有自己的微力場.

　　有了這項啟發，我開始採取公式化做法，在繁忙的城市中心及街道摸索方向。只要我知道不同元素的相對比例——我指人——或許再加上時間點與大部分人群前往的地方，並利用牛頓第二運動定律（力＝質量×加速度），即可預測交通路徑。是故，週六的城鎮中心，有許許多多較重的原子前往橄欖球比賽，迥異於平日開車接送孩子上下學的分子特性。各環境均由

不同分子所形塑，分子的移動與彼此的互動造就了各環境的獨特：這點同樣可用分子動力學來分析，此學說即是用來描述分子某段時間在力場中移動的方式。

　　我固定造訪的地方、我有時喜歡前往的地方，我都利用牛頓定律，判定大家可能移動的公式。老實說，這也是我一直想維持嬌小身軀的原因，我的質量愈小，對整體實驗的影響就愈小（參考觀察者效應〔observer effect〕的概念，意指盡量降低人為錯誤或觀察舉動對於樣本自然行為的影響）。

　　我透過了解共識行為，建立出模型，終於逐漸能精準預測大眾行為，反制我天生對於身處群眾之中的恐懼。以往每次踏出家門可能一連串奇襲朝我進擊，如今焦慮開始讓位給一波波的歡快，解放了我；如今，在一條條固定送我進入情緒崩潰的路途上，有了一只羅盤、一張地圖，殷殷指引我方向。布朗運動已使我深信，路途上的確定感足以保障安全。我可以規畫屬於自己的路徑。

群眾與個體性

　　若說研究人群讓我或多或少了解從眾的概念，更重要的利基其實是研究個體性。儘管建置系統模型可展現共識行為，卻絕不可能因此推斷出人類具有同質性。事實上，竟然會有人相信人類會以理性或正常的方式做事，畢竟相信這種事根本就不理性。有ASD的你很快就體悟到，大家引用「正常」這概念，通常只是想加減遮掩自身的恐懼或偏見。

　　從另一只透鏡觀察群眾即可發現，不僅個體行為能辨識出共同模式，反過來看，共識中亦存在顯著的變異。

　　我們可從遍歷理論（ergodic theory）理解這個概念。該理論源自數學領域，探究動態系統（dynamic system，又稱動力系統）中的長期行為，其論道，一給定系統中任何統計顯著的樣本將顯示整體的平均屬性，因為這些任一微觀狀態（microstate）理論上也可能與其他微觀狀態一樣，在其他地方發生。系統中某處不同的狀態，不再是目前觀察中的狀態，也不太可能是。換句話說，在適當尺度且經足夠時間觀察的隨機過程中，我的「正常」或可用來推估出你的「正常」。以曾看得我神怡心醉的塵雲為例，任一個別粒子其實正是整體系統的縮影，在從眾性與隨機性顯示出平均行為，基本上，正常情況是，在該系統的整個生命週期中，一粒子必不會是離群值，而必是主群體的一部分，只要從空間與時間完整追蹤該粒子的行為，其活動的範圍必定能代表整體。同樣概念，曾被視為局外人對待的那些人，從某方面來看其實也該是典型，足以代表一群體，只是這些局外人從沒碰上彼此。這點之所以受到隱蔽，是因為個體與社會世界（social world）的渺小：使我們誤以為已看見整個系統，實際上只窺見微小的子集，最終得出錯誤結論，對於平均行為與「正常」的認知並不正確。

　　遍歷理論中有許多分支探討哪些系統是否符合此標準，但關鍵理念為：**任何**樣本數夠多的群體，無論這群人是搭倫敦地鐵、過馬路還是在海灘上放下毛巾，最終均能用以指出在其他時間點同一系統中其他人的平均行為。

　　想想這句話，然後想想組成樣本的所有個體；樣本將涵蓋不同種族，多元性別，高矮寬瘦，有人神經典型，有人神經多樣，有些生理健康，有些心理不健康。整體平均的此一部分包含了我們所有人——將我們怪美的多樣性一網打盡。你可能會說我是瘋子（很多人早就說過了），但我也和你一樣，是某部分的樣本指標。整體系統往共識方向移動，包含了個體之間所有變異數。儘管我們基本上想做相同的事情，努力將原本迥異有別的行為擠壓成整體平均值，但彼此之間的差異依舊強烈，各有特色。

　　群眾展現了整體人類行為，對整體人類行為卻是加倍反諷。我們遠觀時，看見的是一個具同質性的集團，傾向忽略促成整體的個體性；一旦貼近觀察，身處群眾的熱鬧與聲響之中，卻僅看見個人，看不清共同創造的集體行動。是故，我們很容易做出本末倒置的結論——不將差異視為促成因素，反倒界定為問題，又假設共識行為必須吃掉個體性，但其實，共識行為仰賴個體性而存。

　　接觸到遍歷性這個概念，有助於我認清，人類對於刻板印象的執著，是個更有害而無利的特性。我們會設立箱子，每個箱子放進特定且通常負面的假設與期望，然後匆匆將人分類，放進不同箱子，接著利用人設立的類別，將箱子裡的人妖魔化，還將差異包裝為社會武器與文化武器，不斷強化。遍歷理論提醒了我們，這世界上存在一種類別，而我們全都屬於這個類別：人類。在這個寬廣而有餘裕的箱子裡，我們彼此之間的相同與相異均應受到考量——重視共識與個體性之間的微妙平

衡，而這種平衡正是身為人類的基礎。企圖藐視這種平衡，就是不重視科學，就是不重視人。

錯誤認知相當輕易就能推論而得，只怕加深隔閡與歧視，我們必須廣為呼籲正確概念，體認到整體是由個體性加總而成，而整體共識的形成，仰賴破壞規則的個體，亦仰賴遵守規則的個體。需要有人偏離平均值，探索前所未有的想法與境界。假使缺乏非主流對於整體共識的灌注、挑戰、擴充，主流也會逐漸乾涸。人人都有份兒（甚至特立獨行的人也有）。

以這種方式接納多樣性，向來是數世紀來人類生存的要素。我們體內也一樣，癌細胞仰賴突變的離群細胞，加速進化；正是這些旁枝（稱為「次癌細胞株」）會適應不同情況，靈活回應各種攻擊，導致癌症如此難以對付。癌細胞結構的多樣化為它捎來多重選擇——人類終究也是一樣。我們仰賴離群者繼續演化，以免旁觀者效應（bystander effect）造成停滯；此效應意指人人只是模仿彼此做法，沒人出面協助那需要協助的人。

對我來說，遍歷性的概念一直以來都極度重要。在成長過程中，我都覺得自己是座孤島，光是要我一瞥他島的海岸線，都得長時間掙扎，遑論打造直通他島的橋梁。我一直得為人生中遇到的群眾建立透澈的動力學模型——大部分人憑本能就能認知到社會上的細微差異與各種某某主義，因而知道如何選擇路徑，但我就是怎樣都認不清。不過，物理學與機率（probability）卻讓我體悟到，就算我這麼怪，也該成為整體系統的一部分，從此，我能從另一種角度端詳自己。我知道自己與全體有連結，連結至這世界最有力也最美麗的系統；此系統

幫助我們人類這個物種達成演化目的：生命的存續。

　　存續生命，讓我這個天生無法與他人產生連結的人，得以發展出同理心，與親朋好友產生羈絆。如今我體悟到，所有極端體驗並不是橫亙在我和他人之間的高牆，苦苦掙扎於心理疾病、孤立感、差異感、同儕偏見，反而是加深我與他人連結的催化劑：是我生活的星系與他人生活的星系之間那座蟲洞。由於我經歷各種辛酸痛楚，在他人身陷水深火熱時，我的同理心多了一個數量級，可以提供的建議亦如此多，畢竟我曾活在那種煉獄，得以與我身邊正在承受苦痛的人產生連結，得以切切實實想像自己身陷其中。不妨問問神經多樣性的人有何感受吧，問問心理狀態不穩的人是怎麼過活的吧！那種永無止境的忍耐、與生俱來的適應力，堪稱我們的招牌。ASD 與 ADHD 就是我所具備的資格條件，堪比哲學博士學位。

　　同理心必須給得不偏不倚，因為如果我們給得太多，恐怕只是犧牲了自己的心血，白白獻上對方的需求祭壇。有些人會想讓你感覺自己很自私，但你其實只想保有自己的時間，按照自己的進度安排優先事項。我可能想從自己的孤島築起一座橋梁，但不代表我可以應付每個隨時想走過這座橋的人。即便如此，由於我已開始體認到同理心這東西，幾乎像極了嗑藥——我人生中太久沒有這種藥，現在每每搶到機會就會猛撲向我，彷彿好幾年來看不見光、嘗不了食物的人。數年來，我夢寐以求的是人與人之間的連結，渴求展現自己也是以愛打造而成，更希望向別人證明，那些像我一樣在別人眼中是瘋子或怪咖的人，其實是你在這星球上能遇到的最棒、最不帶批判眼光的一

群人。我認為同理心是種沉痛的狂喜，有時雖然錐心刺骨，卻大快人心，反而沒有別種感受或體驗可以複製。

所以夜間十點五十五分，平常我已在床上躺平，一面安撫內心惡魔入睡，一面確認隔天待辦的大事，此時電話鈴聲驀地響起，我還是會毅然步出這片最祥和的樂境，因為我知道朋友的世界正在天崩地裂，自己不少次曾陷入那種絕地，我可以幫助她。兩三小時過後，我聽見她的聲音透露了曙光。對我來說是世界上最美妙的感受。每一種曾經的苦痛隨後都成了價值連城的珍寶──同理心的貨幣，使我與其他需要聽我分享心得的人產生連結。曾經我覺得與眾生勢不兩立的差異，如今成了自己孤島上用來打造橋梁的利器。

遍歷理論適合曾覺得自己孤獨一人、格格不入、遭到孤立、很不正常的人。統計學說的是你的個體性很重要，其他人的個體性也一樣重要。個體性是一種怪美的多樣性，人類必須仰賴個體性，才能不斷演化、存活，延續這個物種。真的，個體性的確有其必要。

在人生旅途中，個體性與從眾行為對我們施予相同、有時相反的力。脫穎而出的渴望，找到歸屬的需求，皆平行存在於我們所有人的內心。我們是僅能在集體環境下生存與發展的個體。

我研究人群二十年來，最終得出了明確的結論：這是我們必須接納而非與之搏鬥的二元性。創造我和我們之間的平衡，是場鬥爭，絕不會出現最終贏家。兩者在生命中均屬必要，也

皆須受到重視；兩者都會帶來重要教誨。除此之外，兩者也都不會離我們而去。無論我們可能多想要改變個性與特質，卻將永存內心。

同時，我們若想退回到個體的角色，也不等於將世界推開。你可能一心想躲藏於私人孤島，但實在也不可能純粹離群索居，我們有些情感需求與實際需求，只能透過集體來獲得滿足。某些時候，就算是享受獨自隱居的我們也得離開自己的海岸，否則我們沒有任何對比，可以映襯出獨自付出的努力（而且如果你不喜愛出發地，更有可能發自內心享受目的地）。

小時候我最怕的就是這檔事。我媽以前常說，和我出門就像看馬戲團表演，因為我會左扭右旋，只為閃避駭然的碰觸、聲響、氣味。不過，雖然群眾仍使我七上八下，研究群眾向來是我最重要的實驗、獲益最大的工作，有助於我體悟到，個體性並不是全貌，我們也不須拒斥或為此感到難堪。我可以還是我自己，把持住自己的個性，同時也可以當個小小的我，立於天地之間，從這更廣袤的世界汲取養分，並付出貢獻，參與集體行為不會阻止我做自己——事實上，反而讓我更能善用自己的本質、經驗以及能提供的所有幫助。些許的從眾行為並未減損我的個體性，反而一再加深。

我分析群眾行為，起因是我必須與許多人應對，但在這過程中，我發覺自己不僅可以在人群之中存活下來，還可完成更多事。我更可以與人產生連結，分享自己的獨特之處。我們都可以。

第七章

如何往目標邁進
量子力學、網絡理論與目標設定

　　我這輩子第一次嘗到心碎裂一地的感覺。當時的我八歲，而他，是個除了老爸的炒麵以外，我覺得最為親密的對象。你可能對他有印象，因為他在科學界青史流芳。我說的是史蒂芬‧霍金。

　　他是我的童年英雄、我這輩子認為最偉大的物理學家，不管再怎樣誇飾我的崇拜，都不誇張。吃飯，看向窗外，坐椅子，樣樣我都學他；戲劇表演課上，我也要扮演他。就說我陷得很深吧。

　　不過，後來英雄讓我失望了，疑惑了，苦惱了。我當時在讀他的名作《時間簡史》，讀得最用力的是描述空間與時間的第二章。他在書中解釋道，傳統上認為空間與時間是固定的實體，但現代認為兩者皆為動態，會形塑穿越其中的物體，也會受到物體形塑，不固定、並非無限，也不是獨立於彼此存在。若要了解宇宙，必須將其想像為四個維度，其中三個是空間維度，一個是時間維度。

　　霍金利用光錐來描繪「時空」的概念，藉此闡述過去事件

與未來事件連結的方式。光發出後宛如池塘中的漣漪，一圈圈擴散，形成圓錐。由於光速行進最快，每個在過去光錐內的事件（影響現在此刻）或未來光錐的事件（受到現在此刻影響）必定以光速或以低於光速的速度在此光錐裡發生。

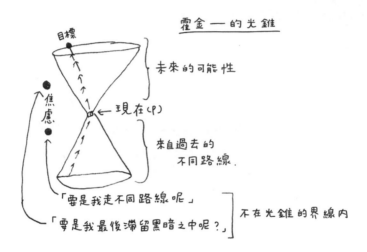

在光錐外發生的事件稱作「位在他處」，位在他處的事件不會改變現在，也不會因此改變。霍金以太陽死亡事件為例：太陽突然熄滅這事並未在過去光錐內發生，也不會影響現在，因為光從太陽出發後，還得經過八分鐘才會抵達地球。只有在八分鐘後，太陽死亡事件經過一段距離進入未來光錐後，才與地球上的人類交會，並影響我們的現實：我們不是在太陽死亡的當下得知太陽死亡事件，而是等到這事件經過我們的意識，才知道出事了。

我第一次讀到這段，並未感覺到平常那股獲得新知的振

奮，不再有那種我又有新東西可探索運用的激昂。我太習慣讓
科學在我的世界指引光明了，現在我得面對冷冰冰圖表般的現
實，與我的想望衝突了。未來成了固定、可量化的實體，以實
線速寫，而我的想望全是擺盪不定的界線、緊密關聯的結果、
適應變動的可能性。這種不一致，彷彿你驟然發覺家中鑰匙
與家門再也不合。我不覺得受到撫慰或興味盎然，只有心神不
定，焦躁難耐，宛若有人以白漆粉刷掉我對未來的想望。在這
種模型下，時間界線之外發生了什麼事件？若我最後到了時間
界線之外，不在光錐之內，又因強光而看不見去路呢？

　　此時真真令人咋舌，卻也醍醐灌頂。我終於發覺不能光是
從別人的書籍與理論獲得我需要的科學解釋，得善用自己的觀
點，才能理解世界。從彼時起，我才開始用自己的話語記錄心
得，融入我在現實中的體悟。原本我不清楚這樣做有何用處，
只是覺得是對的，必須去做，最終，就成了你手中這本書。

　　而且我要出發啟程，這個主題最重要不過了。過去如何形
塑我們，我們如何經歷現在，怎樣形塑未來，思忖這些事情，
說有多必要就有多必要。

　　我們都想找到方式，從自己身上發生的事件學習，並影響
之後可能發生的事件；想要確定感，也想要機會：希望能安心
面對未來，也希望獲得機會，受到啟發。雖然我們能接受自己
就是影響不了某些事情，但也想知道，自己可以改變哪些事
情，希望能有更妥善的方式設立目標，做出主觀判斷，微調優
先事項。我們必須找出活在當下的方法，也必須找出得以有效
規畫未來的工具。

　　好消息是，思量這些問題，不僅僅是半夜睡不著，或是每次歲末年終寫下新年新希望時該做的事，其實理論物理學已替我們卸下不少重擔，提供了許多設想人生事件的方式，協助我們擬妥未來路徑，更可能實現預設的結果。更棒的是（可以的話，我一定會這樣安撫八歲的我），這些方式並非建立在光錐那種二元模型和說一不二的界線上。本章將介紹網絡理論（network theory）、拓撲學（topology）、梯度下降法（gradient descent），可用來規畫人生，設定目標，而且極富彈性，想調整就調整。

大哉問：現在還是未來？

　　提到人生規畫與目標設定，或許得面對的最大問題是，重點要放在哪。我們該著重現在，還是未來？要現在滿足，還是延遲滿足？一直做長期規畫，是否會阻礙你享受此時此地？過於注重當下，是否代表你對未來準備不足？

　　或者，是否可能兩全其美：現在活得完滿，未來也依理想規畫？

　　如果你曾擔心自己左右為難得太過頭，聽聽量子力學，就不會太操心了。量子力學是理論物理學的一支，研究次原子粒子。維爾納・海森堡（Werner Heisenberg）的測不準原理（Uncertainty Principle）論道，粒子的位置若測量得愈精準，就愈無法有效確定其動量（momentum），反之亦然，粒子的動量測量得愈精準，其位置就愈無法確定。換句話說，物理學指

出，位置與運動速度不能同時精準測量，愈著重一項，另一項就愈不精準。

聽起來很熟悉吧？海森堡描述的可能是量子粒子，但此原理似乎也能直接套用在日常生活的宏觀層面。精密量測儀器有其局限，我們的專注力與排列優先順序的能力也有限。你沒辦法一面盡責主持派對，一面全心享受歡樂：你不是在思考，就是在放縱，你不是自己玩得開心就好，就是在煩惱其他人開不開心。做一件事，就會降低做另一件事的能力，尤其，如果你像我一樣，得請谷歌大神告訴你「如何享受派對」。

成年人的兩難就是一直察覺到兩種相互牴觸的需求：活在當下、規畫未來。想一次做兩件事的欲望，會啃噬掉妥當完成兩件事的能力。我們不是拖著自己遠離當下的暢意，忙著擔心之後發生的事，就是當下玩得太爽快，早該替未來打算卻一直沒安排。我雖然熱中汲取資訊，以研究精神探索人生，有時候就是會想把學過的都拋諸腦後，重新再當個小孩，沐浴在對於世界無知的幸福之中，這種無知的奢侈，讓我能真正活在當下。

一部分的我勤學愛研究，一部分的我渴望回到全家至康瓦爾郡出遊的時光；那是我人生中活得最任性、最不受拘束的時候。就算只是前往康瓦爾郡的車上，都是件不得了的大事。開了三小時的車，兩包洋芋片下肚，玩了十五場「我是小間諜」[1]

1　譯註：「我是小間諜」（I Spy）玩法是由一人當小間諜選定東西，說出「I spy with my little eye something beginning with...」（我是小間諜，看見某某東西的第一個大寫字母是……），讓別人猜選了什麼東西。

遊戲，終於抵達期望的最高峰：得文郡再見，康瓦爾郡你好，老爸的車載著我們穿過塔馬橋，後座傳出激動尖叫。「康瓦爾郡……**到啦！**」郡的界線留在身後，我們和一星期的康瓦爾肉餡餅、潮池釣魚、帕德斯托一地漫遊之間，沒有其他事物阻擋得了。

這是一些我最歡樂最繽紛的記憶，那段時光、那塊地方，我知道如何傾我所能，盡情享受，在廚房與老爸做鮮魚料理，到花園嬉戲，想堆幾座沙堡就儘管堆，穿著亮麗斑爛的泳裝，坐在盧港沙灘的「小蜜」石頭上方。七歲的我嚮往格紋，拿來我媽的丹麥藍（Blue Denmark）餐具搬演電影場景，想像我的未來有那位白馬王子：當然，不是別人，是我可愛的霍金。二十年後，每段記憶的顏色、味道、氣息仍歷歷如昨，那時隨心所欲，甚至不會想到別人可能投來的目光。靜好歲月。

大雜燴般的嗜好可能像是隨意亂湊，似乎不成形狀，但全都造就了過去光錐的一部分，引領我來到此處：是經驗的累積，強化了我的興趣、身分、個體性。看似隨機的片段提醒了我，原來人生中有段時日，我的心上根本不會閃過對錯失機會的恐懼、對未來發展的擔憂。

童年的我們認為時間無窮無盡，甚至可說覺得無趣：要填滿一堆好玩、鮮豔、有意思的東西，要看得見，也要摸得到。成年的我們，時間緊縮成貨幣：成了要拿來衡量、包裹、戒慎保護的東西。我在攻讀學位時，似乎根本沒有放鬆的餘地，除了要準備期末考，還有各種申請期限，還要規畫未來，生活好似已變成無限長的待辦清單，我幾乎沒時間、沒選擇，只能一

直畫掉下一項。要在這種情況下騰出一個現在此刻，只是活著、享受當下，都感覺罪孽深重（就算真的騰得出時間也感覺罪大惡極）。好幾個月來，我幾乎是自動導航，情感麻木，冷冷無視內心小孩對於盡情探索與縱情享受的渴求。做著康瓦爾郡沙灘的白日夢，也會遭到一股叫我去讀書的聲音打斷，行程已經排定，包括預定分配給放鬆的時段。再怎麼嘗試左耳進右耳出，那聲音還是持續命令我回去醫學圖書館，離開潮池，回去有空調、鋰電池發電的走廊。

　　我努力求得平衡之時，剛好從量子力學另一個分支獲得靈感。波在時空中行進的方式，呈現出海森堡另一個經典問題：你可以指出波移動的方式，也可以指出波在某個特定時間點的位置，但要同時確切指出兩者，最終只會迷失軌道。要討論這個問題，必須創造「波包」（wave packet）的概念。波包意指將許多不同的波組合起來，並以視覺化呈現，即可探究其集體行為。單一波難以確切釐清，但集成一「包」的波卻可以更有效探究。設定目標與制定人生規畫並不是那麼天差地別：若分

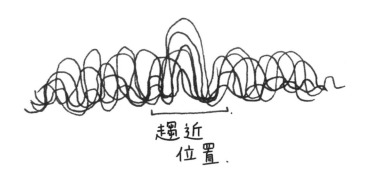

趨近位置.

開來看，很難確認某項決定或目標是否正確。我們需要一整個「包」，也就是全貌，以及情境——以確認是否做出最佳決策，而且不僅是對於當下時刻來說的最佳決策，還有關我們對於未來整體最完好的想像。

　　我們努力創造這些虛擬波包的同時，也得在人生的兩種思維模式之間創造另一種平衡。一種思維模式以**動量**為本，我們活在一段時間，從一處抵達另一處，幸福快樂繫於所達成的目標與設定的目標（需要擔負責任的成人世界）。另一種思維模式以**位置**為本，我們就活在這段時間，受到當下與當下的刺激擄獲，只是存在著，遮蔽包括罪惡感在內的其他人事物。這很難辦得到，畢竟我們一直以來學習當個「功能完備的成人」，這樣卻違反了常理，但，也有其必要。佇立原地不動，不代表停滯，反而促使創造力更活躍，得以重新評估進步幅度，體驗感官的力道，探索更多未來可能。

　　年紀愈長，就愈難接納以位置為本的思維模式，但還是有可能辦得到。我最享受的時刻是瑜伽課上，沒有雜音，沒有其他事物轉移注意力，只得著重在必須努力維持的姿勢上，專心把握這個促使其他念頭與憂慮消散的機會，創造寶貴的心靈空間。課程尾聲，老師指引我們做出「攤屍式」（shavasana），我疲累到讓其他念頭入侵的力氣都沒有，通常會在瑜伽墊上呼嚕呼嚕睡去。但這種珍貴的幸福有其代價。幾乎毫無例外，翌日早上我就開始難受：對於未來的念頭與憂慮再次大力將我的心靈拉離當下的和諧狀態，一次比一次更猛烈，有時候甚至到了自我懲罰的地步，可能是狠狠戒斷食物，或是取消社交活動，改做一點「有建設性」的事。我成了真正的混蛋——自己成了主要的受害者。

　　我需要破壞動量思維的方式，不再滿腦子想著之後會發生什麼事，然後任其進犯生活大多數層面，否認當下此刻帶來的喜悅。我想回復自己活在當下的能力，只是我仍須持續釐清未來會發生的事，可不能貿然犧牲這點需求。所以我做起實驗，拿來一批具特殊意義的鬆餅慎重開始，就在二〇一三年的大齋

期前：社會上一般接受可以改頭換面的時刻。我的四十個日夜
將分成兩部分：一部分活在動量思維的世界，全心奮發畫掉每
一件待辦事務，著手每一件優先事項；另一部分則是徜徉在位
置思維的世界，用力享受每一個片刻，半點心思都不花在考慮
未來。

　　你都已讀到這章，應該夠懂我了吧，應該也猜到這實驗並
沒有特別順利（又是一個至關重要的失敗實驗，造就了現在的
我）。不管是當下享受還是看清未來，我都避不掉可能錯過什
麼的念頭，老是侵門踏戶干擾了這項實驗。我在主持派對，但
沒辦法不去想之後碗盤的洗洗刷刷。量子力學另一項原則「觀
察者效應」又讓我成了受害者：僅僅在旁觀察，本身就會影響
實驗過程，促使其產生變化。其經典實例為，若要在顯微鏡下
觀察電子，必須仰賴可能改變電子路徑的光子投射。觀察自己
做的實驗，理應已使結果產生偏差。為了享受自己之為自己，
我卻太忙著思考我沒做到的事。

　　這次實驗失敗後，我取得某種位置與動量、現在與未來的
妥協。平日一天內的不同時間，我會反覆在兩者間切換，希望
轉換成在當下時刻格外需要的模式。ADHD會使我在當下什麼
都想要，沒有任何時間概念，但我會與之抗戰，設法於活在當
下與超前部署之間優雅轉身。光是意識到測不準原理，就有助
於達到正確平衡。如我所發現的結果，要完全分離兩者是絕對
不可能的，但僅僅是接受兩者不相容這件事，心結就解開了，
我們可以比較不用擔心那一件還沒做的事，畢竟已體悟到反正
之後還有時間做，這個下午就來曬曬太陽也不用有罪惡感（或

來點室內活動，和其他人同歡）。

　　不過，光是意識到活在當下與替未來規畫之間的差異，並鬐和兩種心態，這樣並不夠，還需要一項機制視覺化呈現當下與未來互相結合的方式，協助我們清楚設定目標，更放心看待自己行進的速度。此時有賴網絡理論鼎力相助，就讓我最信賴的同伴登場吧。

網絡理論與拓撲學

　　我自從閱讀《時間簡史》後，就拚命尋找更符合我需求的預測模型，希望比起光錐那固定不移的界線更有彈性。我陷在經典的人類矛盾之中：對於確定感的需求與設定限制的失落。除了不知道接下來會發生什麼事，另一個會教我抓狂的是計畫實際上有個限制加諸在我身上。我需要彈性：可將那些粗厚直硬的線條轉變為搖曳不定的那種，可讓我把玩，又可依據需求扭彎。

　　我需要做好無止境的準備，光只是要離開家門可能就得耗上五小時，但又傾向噴發強烈不滿，毫無耐心，數小時的細心琢磨立刻狠狠撕裂，這樣的我需要能融入兩者的規畫方法——像是某種心理的腦袋結凍，你以為這天會是檸檬雪酪的模樣，結果變得更像香草冰淇淋。我一直想靠海森堡原理解決現在與過去的平衡問題，但ADHD感官帶來的時間扭曲感，又使問題更加尖銳，復加以那心靈的加速器，我一直給它催下去。

　　我在這許許多多的問題上下沉浮，網絡理論拯救了我。概

念相當簡單直截：研究如何以圖形展示互相連結的物體，將物體集結而成的網絡以視覺化呈現，並從中探討學習箇中含義。我們可利用相關的圖形理論，分析複雜且互有關聯的動態系統。

網絡的概念很簡單，就是一連串的人或物體互相連結。你和朋友、鄰居都是經由一座座的社群網絡而連結，倫敦地鐵是由不同運輸路線上的站點連結而成的網絡，烤吐司機插頭裡的電路也是網絡，坐在你身旁的智慧型手機現在應該也是一組網絡的成員，連接至 Wi-Fi，是無線區域網路的一分子。網際網路本身即是以實體及無線連接的巨大電腦網路，巨量資料運行其中。

無論是實體還是數位、社會還是科學，網絡無所不在，結構有形無形兼具，影響無所不及，包括我們經歷數十年打造的事業，以及我們現在可連線上網的方式。

網絡理論也提供理想機制，可供我們視覺化並勾勒出短期與長期的人生。我們所有人都受到超多不同的事物影響，往幾百種不同的方向推拉，因此我們需要比待辦清單更複雜、更反覆、更方便調整的模型，以利預先規畫。網絡理論能符合這點需求，尤其是拓撲學：意指一網絡中各種元素（節點）連結的方式與形成的結構。拓撲學將不具彈性的直線轉化成充滿可能性的機動網絡：將裹在黑暗中的事物帶回光明之下，緩和我遭揉捏的焦慮。拓撲學能讓你理解到，原來曾經幫助你運作的邏輯已不再適用，也能讓你發現，已經播撒一段時日的想法終於可以茁壯。

　　拓撲學的本質足具關鍵。如果給你六個鈕扣，要你擺出樣式，你可以排出一條直線、圓形或倒三角形。拓撲學決定了網絡運作的方式，包括其效能與限制。我們在做決策與設定優先順序時，步驟其實相同：安排可用的證據與選項，擺出某種可以決定短期與長期結果的樣式。

　　不妨將未來人生想成一座廣大的網絡，將網絡的節點代換成各種事物，人、希望、恐懼、目標──我摸索一番後，發現這樣才是規畫未來的最佳辦法，制定的計畫不會太簡單，也不會令人綁手綁腳，真正大有助益，因為並非靜態，能隨時因應情況調整，條理分明，有助於辨別哪些真正重要，哪些不是。此外，拓撲學側重連結性，可呈現相互連結的事物，哪些節點具影響力或受到影響，特定路徑可能引導至哪個方向。

　　網絡讓我們能像霍金表明的方式思考，亦即必須處於時間與空間背景下，且不受光錐的軌道局限，我們得以在空間與時間的雙重畫布上，探索人、特定目標與各人生階段之間的鄰近度與距離：你需要何事發生，以及你需要該事何時何地發生。時間一久，我逐漸體悟為何霍金的圖上存在線條：因為我們需要方向性，才能從雜訊中創造訊號，不再恐懼迷失方向，不再害怕在人生中感到失落。不過，一座網絡卻可柔和這些線條，化作蜿蜒的曲線，固定不變的錐體則成了葉片狀，可隨著時間演進而摺疊捲曲，在光線照耀下展露出各種面向。網絡提供了架構，呈現可依循的路徑，以及掉頭而行的彈性。

　　是故，下次你在案頭前擬定計畫，或是擔心之後會發生的事，不妨丟掉待辦事項清單，改用網絡圖吧。將每位重要人士

與重要目標當作一個節點，接著連接每一個節點：確認哪些人得以協助你達成那些目標。謹記，網絡圖上的空間該畫得實際一點（相對而言）：哪些人或哪些目標最鄰近，哪些距離最遠？這點很重要，因為你這一路上在找的是不同節點的接合處。網絡上不同元素集結的點，就是你開始辨清連結的開端，就是你一窺前方大道的起點。你要尋找的是許多節點集中相鄰的集線器，以及可能的轉彎處，亦即一條路徑與另一條的交叉

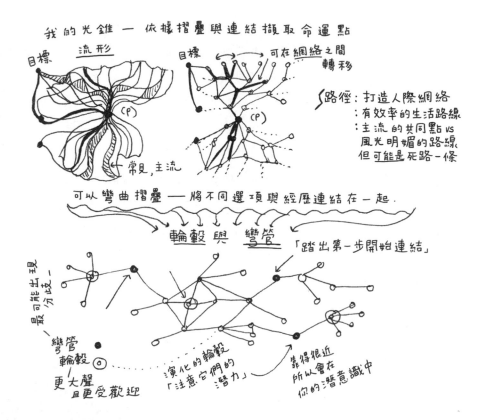

口，指引出行進路線。也記得建立偏好順序，可藉由顏色識別目標，許多相通的節點，加上列為優先的目標，突然看起來可以如願以償，有朝一日得以完成。如此一來，這座網絡便開始能闡述你心目中的想望，列出優先事項，告訴你可以做哪些事來達成目標。

　　由於超級難用四個維度思考、畫圖（除非你是霍金），值得花時間為不同的時間點繪製個別的網絡，一座網絡代表你現在所處位置，另外兩座代表幾個月後，而且可能會一路拓展到幾年之後。你可能也需要製作職業網絡與社會網絡，分開盤算。我和莉迪亞常繪製這類網絡圖，也會定期幫助彼此設定目標、修改計畫。我們是理想搭檔，合作無間，她是完美主義者，擅長為不久的將來指引明燈，不過一旦時間拉到更久以後，她就很難將計畫融入她密切掌控的藍圖，此時便輪到我一展長才，我可以為她的長期目標增添思考的彈性。反之，由於我很害怕面對不久的將來，她可以安撫我，要我放心面對明天——還有當天要穿什麼衣服。我就大方承認了，我很樂意每天都穿相同的衣服，等到有人命令我燒掉再說。莉迪亞建構的網絡，代表的是結交朋友、與人良好互動的藝術，我的則代表布置圖上的節點，描繪出不同結果的可能性。我們的世界大相逕庭，但彼此相當滿意，也如魚得水。

　　我倆一來一往之中，有句話她時常對我說：「我什麼都想做。」我們很多人都很害怕會錯過什麼。社群媒體豎立起鏡面大廳，環繞在我們四周。沒受邀請的派對、還沒達成的目標、

還沒爬過「空檔年耶」[2]那座大山、人生與同儕團體從我們身邊匆匆而過的感覺⋯⋯種種，我們比以往都更加敏感。我一貫的回答是她什麼都可以做，只是得確定是否為真心渴求，以利深究各節點的連接方式與優先順序，畢竟就是不可能同時做所有事──但可以為所有想做的事情，逐一規畫達成方式。隨著時間推進，網絡精密完善的烏龜，將勝過六神無主、多變無常的兔子。

　　我們必須能繪製納入空間與時間的圖，為接下來必須發生的事情打造清晰樣貌，除了能避免因現在而產生無法招架的焦慮，也能避免因未來而產生蠶食心靈的恐懼。單憑一張目標清單，沒有情境，沒有互相連結感，也沒有機制可以建立偏好，幫助並不大；目標清單可能適合呈現人生的線性關係，但要做出決策，你需要的是一座網絡，規畫目標時足以納入地、人，不用死守任何形狀，任你繪製。不過，我們將自己的拓撲重疊到朋友同儕的拓撲並加以比較時，還是無法避免可能隨之而來的焦慮、嫉妒，可能會因為那些想做、可以做但沒做的事情而困擾，又擔心比不上、跟不上別人。網絡理論無法拯救你逃離錯失恐懼症的泥淖，但至少，可以替你勾勒出方向與目的，還可供你逐步彈性調整、推進。

2　譯註：英文為「gap yah」，即「gap year」，譯文為了表現出原文著重的發音及語氣而加上「耶」字。*Gap Yah*是二〇一〇年由麥特・萊西（Matt Lacey）製作的喜劇短片，嘲諷中上階層家庭的高中畢業生出國壯遊，卻只是拿來自誇，並未真的開放心胸、增廣見聞。

　　一旦繪製出自己的網絡，就得開始摸索：從一大堆資訊與元素中判定何者為最能實現的路徑。你要如何識別並成就最佳的布局，又該如何隨著當前情況，持續搬動那些猶疑不定的部分呢？

　　我得介紹另一種機器學習機制，才能解答如何設定行進方向至下一階段的問題。

梯度下降演算法：找到路徑

　　一旦擬定網絡圖，便可開始檢視面前的選項。前方的路徑必定紛呈，你確定不了最快捷的路線，也沒人會怪你。幸好，機器學習機制可助你一臂之力。電腦科學的發展主軸即是最佳化：如何找到最快速有效率的路徑。演算法的開發有賴資料集的探勘，找出最佳方式，以快速、有效率又具成本效益的方式執行工作。

　　我們可以借用演算法開發技術，將我們的人生路徑最佳化——畢竟，演算法起初便是依據人類的邏輯發展。我從機器學習機制借來的解答，稱為梯度下降法。梯度下降法能使一項流程最佳化，並降低其代價函數（cost function，又稱「損失函數」，指誤差），其概念像是從山峰爬下山谷，目標是在最短時間內達到最低點（最小誤差值）。因此，演算法雖無法一次看清所有路徑，經設定後，即可開始利用梯度接近目標點：持續找出最陡的下坡，每一步並持續重新評估。只要繼續利用數值最高的負梯度下降，就能以最快的速度到達底部。這類演算

法也與人類一般，各有各的態度與做法，有些挺貪心，選擇最
快速便捷的路線，有點像政治人物，想把一切融入實施定期選
舉制度的政府；有些則是冒險犯難，極具耐心，不屈不撓，一
路上願意不斷測試路線與解決方案。我還在學習冒險犯難這種
方式，打算用來抵銷ADHD的貪心，忘記其他事物，將所有注
意力放在單件事物上（可以解釋為什麼我是在床上寫這段，大
半夜的，還穿著防水夾克）。

　　梯度下降法是機器學習領域最基本的一種技術；摸索人生
網絡時，此概念也能教導多種技巧。第一種是，你不能事先看
見整段路徑，甚至大部分都看不見。你可以連接節點，辨識出
聚類，不過看得愈遠，遠到看見未來，視野反而愈見模糊。沒
關係的。因為，這是梯度下降法教導的第二種技巧，你最近的
情境會告訴你「現在」每一件需要了解的事情；正如演算法會
測試梯度，判定其後的進展，我們也應該以自己的指標，評判
該條路徑的價值──是否會讓我們更快活、更滿足、更有目
標？我們無法預測未來某事是否順利發展，但絕對可以測試行
進的方向，往人生中最低的代價函數邁進，發展自我價值與目
標，滿足美國心理學家亞伯拉罕‧馬斯洛（Abraham Maslow）
需求層次理論的頂層；該理論提到，一旦我們滿足飲食、居所
等最基本的生理需求，注意力就會轉移至更轉瞬即逝的體驗，
例如能夠感受成就、尋找尊重、解決問題、揮灑創意。

　　而且如果該方向開始不利，梯度逐漸下降，你愈來愈沒動
力，感覺遲滯、麻木或渾身不對勁……那就改變方向吧。梯
度下降演算法並不會對自己的選擇患得患失：要退個兩步，重

新繞至最陡的那條路徑，完全樂意。我們該如法炮製，必須反覆探究選擇方式、改變途徑，若感覺偏離目標、遠離快樂，就得趕快跳至別條，另外也得接受沒有什麼叫做完美的路徑：只有那種我們有意願、有興趣、有耐心而不斷探索追求的路徑。訂立最終路線，除了依據是否完美符合目標，還取決於各項因素：你有多少時間探索各個選項，以及你身為完美主義人士的要求有多完美。

梯度下降法教導我們，要投身實驗，反覆試誤，時時評估周遭環境，立即予以回應，不要害怕重新追溯過去的腳步，如此才能識別可行的路徑。最後一項技巧著重的不是每一步驟的方向，而是長度，稱為學習率（learning rate）。為了獲得最精確的結果，演算法必須設計為小小的步長，一寸一寸前進，徐徐緩緩，累積發現。較高的學習率代表可能更快速抵達山谷，但由於步長較大、較不精確，可能會衝過頭，反而略過最低點。梯度下降法的最大挑戰，正是必須步步微調學習率，才能盡快獲得最佳結果。與 ADHD 並進時之所以格外顛簸，乃是由於那時間扭曲變形，那環境模糊失焦，最終你是坐在馬桶上，做出最重要的人生決策。

人生不存在一條最佳的路徑，也不存在完美解答，因為解答會變動，一切都是主觀存在，需要在速度與精準度間挑選正確的平衡。無論是自己的人生、他人的人生，都不存在所謂完美的路徑。從網絡呈現的可用資料中，得以發掘無以計數的可能路線。只要讓證據引導我們，繼續尋覓最陡的梯度，將能找到一條路——事實上，我鼓勵你找出很多條路，只要確定那些

路能讓你「心動」，你也有足夠的裝備得以履行即可。

　　設定人生目標並付諸行動追求，可能難上加難，畢竟有太多考量了：我們該去追求這個志願還是那個，改善要看短期還是長期，要做開心的事還是最重要的事。我們該如何為未來描繪專為自己打造的獨特願景，不去仰賴他人的呢？（社會性、溝通性的物種有項困難但也最重要的事：若依據別人的基準而活，會有點像是用別人的湯匙喝東西──絕對不會對味。）

　　這些全都足以誘發焦慮發作了；我是該知道的，因為我的焦慮發作實在超過一般該有的量，而且還不只包括重大可怖的人生決策。去年我甚至沒買到送媽媽的生日卡，因為我去了十五間店，卻不知道她最喜歡哪一張，根本無法決定，我太焦慮，結果一張都沒買到。我客觀考量各種假設，發掘所有可能，用這種探索式的思維（explorative thinking），驗證我對她的愛有多深，結果勢必讓我空手而歸，滯留在夜幕之下。也許我應該把第十一間店當作停損點？

　　但是，對未來感到焦慮──或是「不知道」接下來該做什麼──可以是優勢，而非弱勢。量子力學與機器學習機制展現的是，不確定性以及轉換行進方向的意願，並不會是負債，而是資產，我們天生就不能確定人生的進程，本來就無法同時有效衡量動量與位置，機器學習機制最棒的一點，是願意轉換行進方法──「試了才知道」正是關鍵。

　　所以，如果你覺得人生進展還不夠，不知道接下來會發生什麼事，請援引科學來舒緩你的憂慮，這些都是自然而然的恐

懼。焦慮也大有助益，可作為透鏡，模擬任何數量、任何可能的路徑。我向來都將焦慮視為我的內建超級電腦，讓我得以製造連結，挖掘別人看不見的契機。大家常叫我別傻了、說我瘋了，但我不想就這樣拋棄焦慮而活，不想放棄焦慮給我掃描整體狀況的能力，也不想丟棄焦慮創造的動量，催促我繼續學習。

設定目標並付諸行動追求可能教人惴惴不安，但正如每一次的登山挑戰（我熱愛的運動），我們該做的就只是帶足正確裝備，付出體力與汗水。海森堡的測不準原理確保我們就定位，網絡理論提供了繩索，梯度下降法指引路線。

謹記，你是正在努力下山，不是上山。

第八章

如何將心比心

演化、機率與人際關係

「不要那麼誇張,只是一把傘而已。」

但,不只是一把傘而已啊。對我來說,這支小小的實體物品不是丟掉就算了的消耗品,可不能忘在咖啡廳裡,然後一眼不眨就買另一支來換。這把傘是我的安全防護,這一整天的鎧甲,線條俐落的彎手柄在我掌間,握起來,無論晴雨都有滿滿安心感。傘不僅保護我免受雨淋溼,還可以輕輕推開靠我太近的人群,上下樓時貼心支撐,誰叫我不敢碰樓梯扶手呢。我出門,傘一定跟著我:是只護身符,是位守護者。傘之於我的重要性,一如名貴跑車或傳家手表之於他人,至於錢財,對我來說只不過是生存的方式,大都沒特別感覺,我珍視的是少數幾樣我真心信任的可靠夥伴,傘大概是其中最最重要的一樣。

現在傘壞了,和我約會的男孩想洗腦我,說只是一塊尼龍和木頭,有什麼了不起。他一臉無所謂;我差點哭出來。

傘壞掉了的那一刻,可能就是我倆決裂的分水嶺。當事態逐漸明朗:一方認為真正重要的事物,另一方並不尊重,也不能理解。此情況是凶兆,彼此關係恐怕以失敗告終。身為人類

的我們實在太常缺乏同理心，無法從他人視角探究世界，只管套用自己的視角於他人身上。我們期望自己身邊的那個人，和真正在我們身邊的人，兩者之間出現了鴻溝。

我說過了，才不是什麼破舊的傘，在我心中就是很了不起。男孩很快就理解我的感受，所以最後比我最愛的傘陪我的時間還久。但這事件提醒了我，又再一次，讓我體認到要與另一個人共享人生有多困難，畢竟彼此的世界基本上是判若天淵。

各種人際關係，無論是否為愛情，都是我必須拚命尋思、不斷摸索的課題。不用和別人腦袋相處，光是和我自己的腦袋相處就夠難了，因為我得用力推測別人在想什麼、在說什麼、想要什麼。事實上，你聽到我大談同理心的重要，可能會覺得怪怪的，畢竟，亞斯人應該不會知道同理心為何物啊。要說有哪句話你已經聽到膩，「請設身處地」必定榜上有名。大家會假設，既然自閉，我們需要各種協助才能同理別人、體會別人的感受。

真要說我的領悟，其實是，有些人嘴邊老說同理心實屬必要，卻通常不太擅長展現同理心。反之，縱使我可能不**理解**她為什麼這樣思考、他為什麼出現這種行為，你最好還是相信我其實觀察細微，努力梳理出合理的解釋。天生缺乏同理心，代表你必須像我這樣加倍努力，推測他人的意向與期待。在我的「天眼」中，一段關係成了複雜的方程式，我的行為必須配合他人所期望的需求，這種同理心是經由觀察、計算、實驗而得。

　　聽起來很簡單，實際上當然不簡單，了解、期望、回應人類同伴的需求，是畢生數一數二的困難差事。我們許多人都會執行嚴謹的偵查任務：記錄愛人以身體語言透露的真實心聲，從對方模稜兩可的語句推測實際意義。

　　為了執行這項任務，我們得善加利用科學原理，以從雜訊辨明訊號，從不明確的證據中決定如何因應。任何關係均仰賴讀出言外之意的能力：就算對方說沒事，我們也要能評斷是否有事，或者，就算看起來似乎不大重要，我們也要能確認是否真的重要。為了精準判斷，我們得微調對於演化生物學的理解，確知彼此差異的根源，明瞭人際關係將如何隨著時間演化；我們的身體也是從一顆幹細胞開始慢慢演化，形成現在的模樣。我們必須利用機率理論（probability theory），協助判定哪些為相關證據；面對沒有非黑即白、是非對錯的答案，還可以利用模糊邏輯（沒錯喔，fuzzy logic是術語）當作判斷決策的架構，管控任一人際關係中勢必意外冒出的衝突。

　　用來建立與維持關係的同理心，可以從人類演化的基礎中挖掘，反之，用來協助機器在人類世界運作的技巧，我們也可以採行實踐。若要使關係茁壯，我們不僅得盡量展現人性，也得展現機械性：我們感受、體會的同時，也要以同樣的力道來計算、考慮。

開端：細胞演化

　　人際關係之間的優勢劣勢，皆繫於彼此的差異。基因、經

驗、人生觀各有特異之處，塑造了形形色色的我們。不過，儘管大家的對比分明又多樣，基本上出發點並無差別：都是一顆胚胎幹細胞，經過不斷分裂，形成皮膚、器官、骨骼、血液，構成完整的人體。

　　幹細胞是演化的終極奇觀：單一細胞會分裂、專門化形成人體需要的細胞（在此提供很厲害的術語：多能分化性、超多能分化性，英文分別為multipotent和pluripotent）。例如，人體內所有的血球細胞最終皆由一個共同的幹細胞分化出來，這過程稱為造血作用（我最愛的一個詞）。現在體內就在造血，每天都補足正確平衡的紅血球來運送氧氣，白血球則持續更新免疫系統的狀態，這些細胞分裂、重組、更新的能力，是組成人類的立基，也是治療血液與免疫系統失調的利器——得以協助重建細胞一開始建立的身體。

　　幹細胞是人類的基礎，也是更能深究人類關係之中同理心的理想透鏡。如同血球細胞始於一顆幹細胞，每一段關係，基本上也皆始於一個通用、尚未專門化的關係：兩人互看，確認是否喜歡彼此。經過一段時間，幹細胞分裂成無數子細胞，各有其功用，兩人之間的關係也變得更加明確複雜：共同的經驗、理解、言語、言外之意，絲絲縷縷交織成網。

　　人與人的關係正如幹細胞，持續隨著時間演進而專門化、分化——進行更多有絲分裂（mitosis），滿足新浮現的需求。隨著年齡增長，這重複的過程開始對身體出現有形的負面影響。每一段DNA株的末端附著端粒（telomere），其功用是保護染色體，通常可想像成鞋帶末端的塑膠套。一顆細胞每經過

一次有絲分裂，便會失去一些端粒，端粒因此如鞋帶磨損般逐漸變短，最後不再能有效保護DNA。細胞失去進行有絲分裂的能力，成了衰老細胞（產生惰性）。細胞凋亡使得皮膚皺起，器官開始無法正常運作，人體呈現老化，隨著時間推移，身體逐漸失去自行修復的能力。

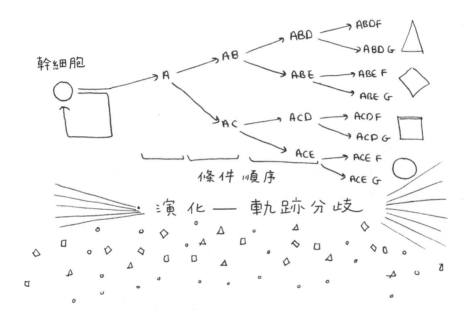

人與人之間的關係也會遭受相同的摧殘。我們會進行情緒版的有絲分裂，隨著自己的需求與伴侶的需求不斷變動，而持續演化、專門化，如果喪失這種能力，一段關係可能就會損壞。在極端狀況下，關係可能會進展得太過迅速、激烈而難以承擔，有如細胞突變，無法停止分裂，產生癌變，日漸失控，

反而開始攻擊身體。

深究細胞演化的進程，讓我體會到維持良好關係的兩大基石。第一，尊重彼此差異。我們大抵看起來都很相似，是同一物種，基本上由相同的球狀體細胞開始演化，但惡魔就藏在分化裡。我們從初始的胚胎幹細胞無止境地演化，最終成為了迥然有別的人類。通常一段美滿關係似乎有賴雙方一開始先認知到彼此差異，接著互敬互重；唯有同理他人，才得以建立最具意義的連結。我們得表現出確實了解自己在乎的人，真正聆聽對方心聲，除了話語之外，也能捕捉對方日常的小動作，挖掘非言語的跡象，有時甚至包括眼神接觸（這些是我為了建立人際連結而做的事情）。

若要促成一段極為親密的關係，有賴於這類深刻的在乎、真切的聆聽——讓我們覺得受到了解、尊重，覺得自己享有毫無保留的愛。所以，彼時姊姊結婚，而我得為這大日子挑選禮服，我倆本能上都知道這事不容小覷。姊姊在時尚產業工作，我知道挑選適合的禮服對她來說是何等重責大任；她知道我多麼厭惡購物，也知道我支吾其詞，並非不在意，只是不知所措。由於親姊妹對彼此了解之透澈，我免於承受獨自採購的繁難，她也免於伴娘上場的窘態：有打扮是有打扮，但打扮得像《阿呆與阿瓜》（*Dumb and Dumber*）裡的金‧凱瑞（Jim Carrey），一身橙色無尾禮服加高高的大禮帽。（「不要戴大禮帽啦。」「但妳說我想穿什麼都可以啊，而且妳明明就愛死金‧凱瑞了。」）

第二，耐心。胚胎幹細胞需要九個月的時間發育，新生兒

需要花十八年完成身體發育（就神經學上來看，要花更久時間），一段關係中彼此要互相理解，也無法一夜臻至圓滿。若才約會第二、三次，就開始描繪與這個人共同生活的點滴，其實是將對於成熟關係的期望，硬套用在才剛萌芽的關係上，我們對於另一方的期望，以及另一方對我們理應有的了解，便不對稱了。對待初生的關係，比較安全的做法是，將其視為簡單直接、根本還沒開始演化的幹細胞，別一開始就將遠大的期望投射在誰身上；你都還沒跟對方共用湯匙吃飯，就要求東、要求西，這段關係恐怕只會轟然崩塌，請尊重、理解，也請保持耐心，開花結果需要時間。

機率與同理心：貝氏定理

一段關係開始萌芽時，還真的算是容易照顧，只要你不會因期望沖昏頭而忽略現實狀況，不妨好好享受這種質樸單純的愉悅。

甫發端的新關係招來滿滿的新鮮感，你沉浸在蜜月期，不過，經過幾週、幾月，演化啟動，現實必定搬進來。頭幾次約會堪比單細胞生物，後來，你愈來愈認識對方，這單細胞也開始分裂，構造愈見複雜。我們認識彼此，分享經驗，隨之而來的則是期望——期望一方會知道另一方的心聲，得以回應自己的突發奇想，預先考慮到自己的需求。

大家有時會說一段關係太舒服了，因為雙方不用再對彼此付出適當的關注，但真要說的話，若對彼此付出適當關注，似

乎也算是太舒服。若無知是福，已知則為己任。蒐羅愈多證據，必須向對方付出的同理心就會快速疊高。

就是在這種時候，在我們應該要了解對方的時候，開始了真正的偵查工作，必須解讀微小的訊號、半暗示，甚至是全然的靜默。任誰都會覺得這可能是夢魘，但若模稜兩可並非你的強項，你又會把所有聽到的完全以字面解讀，尤其是個夢魘。亞斯人對於遇見的人，沒有先決條件也沒有先入之見：都是以全新的眼光看待每個人。我會傾向相信別人對我說的任何話，又無法自然而然從訊號及暗示推論出真正意涵，所以我需要可以克服這缺點的技巧。對此，貝氏[1]定理（Bayes' theorem）一直是我信賴的夥伴。此定理是機率理論的一項分支，說明如何使用蒐集而得的證據來推論出不同情況可能的發展。換句話說，情況一變化，你對於各種機率的估價也會產生變化。

貝氏分析中的起點也不同於古典統計分析。古典統計分析是由蒐集的資料推論出機率，舉例來說，硬幣是正面還是反面的機率，是根據實驗中投擲的樣本數，但貝氏分析沒那麼簡單，是從一連串的事前假設開始，利用已知事件作為條件來計算機率。以投擲硬幣為例，已知事件大概包含受試者投擲硬幣的技巧，以及他們可能做了什麼不為人知的事情，影響投擲結

1　譯註：「貝氏」為湯姆士・貝葉斯（Thomas Bayes，約1701-1761）的姓氏簡稱，為英國牧師，研究數學，最知名的作品即貝氏過世後由其友理查德・普萊斯（Richard Price）整理出版的論文〈探究《機率論》解決問題的方式〉（An Essay towards Solving a Problem in the *Doctrine of Chances*），討論了條件機率與貝氏定理的命題。

果。貝氏論道，不要只蒐集資料、提出線性結論，還必須參考對該情況所知的一切，放在更廣大的情境下檢視。

等等，我聽到你的疑問了。你說要先梳理目前的證據，但這樣不是和科學研究背道而馳嗎？不是說要讓證據自行呈現結果？這個嘛，確實沒錯，如果假設歪七扭八，解讀證據也會七橫八豎。不過貝氏定理也具備一股簡單但令人信服的力量：提升我們的眼界，突破狹隘又有時間限制的資料集，讓我們拓展視野，將問題放進容易又注定受忽略的情境下考量。例如，貝氏分析有助於判定醫學篩檢的誤差：正確率可能百分之九十九的檢驗，並不代表檢驗為陽性後就有百分之九十九罹病的機率，而我們會知道這點，是因為事前就知道偽陽性的盛行率。

貝氏定理協助我們將所知的一切納入考量：若運用得當，可以順利將已知事件及由證據推得的結論化圓為方，完成看似不可能的事——暴露出原有假設中可能的缺陷以及所蒐集資料的限制。換句話說，貝氏定理教導我們利用證據來改善假設，也利用假設來改善使用證據的方式。同樣重要的，不僅是我們如何運用事先對情境的了解來解決機率問題，還有取得新證據時如何修正假設。此稱為條件機率（conditional probability），即依據已發生或仍可能發生的事件，判斷特定結果的機率。

我無論何時接觸到新關係、新環境、新工作，只要面對新事物，就會運用貝氏定理來探索各種不確定，調整自己，以利融入不熟悉的文化與慣例，努力排除自己的偏見，認真偵查，不僅依據自己仔細塑造的偏好，也依據似乎能代表此新系統的準則，好好過活。我上大學時，甚至還拋下亞斯人的噩夢，跑

去夜店：沒有任何一位小蜜，彭曾去過的地方，是最深鬱、最漆黑之處。我手舞足蹈度過。我還會蒐集必要的背景資料，以便判讀所有我還不熟悉的情境，深究該情境下蘊含的新經驗。

　　同樣的技巧有助於我們在最近或演進中的關係裡找到落腳處。假若真的想了解對方，則必須仔細觀察，找出對方話語與真義之間的差別，他們快樂或難過時如何表現，躲到自己的樹洞時又是代表什麼（可能是出現問題的警訊，也可能真的就只是想要個人空間）。你說要在這段蜜月期、期望值很低的時候？這正是蒐集所有證據的最佳時機，之後鐵定派得上用場。對方說「好唷，沒關係」代表「當然不要」，你一開始沒意會過來，是真的沒關係，但一段時間後，對方就慢慢不忍了。一段關係中，這階段似乎最能恣意做自己，但其實我們更應該多加摸索注意──到了最後，必定會獲得回報。

　　當然，貝氏定理的另一個推論是，因為事前假設會影響解讀證據的方式，兩人很可能會有兩種方式檢視同一個問題。我們必須同理另一半，知道表面上這種一目了然可能根本高深莫測──若彼此獲得的認知、判斷、經驗皆迥異，出發點本來也就迥然。

　　我也會利用貝氏定理來管理我人生中最為波濤洶湧的關係：與自己的關係。與朋友或另一半的爭執很虐心沒錯，但自己腦中的狂風暴雨閃電雷鳴，才真正叫做虐心。我的腦袋必從各種可能的角度考量，總得加班處理所有相關資料，因此成了壓力鍋，煮東西煮到溢出來，但一點警訊也沒。有時候我真的別無選擇，只能將一些在腦中用力敲擊的雜音釋放出來，用頭

敲桌子、尖叫發抖、繞著圈圈跑，光是存在這個世界上，對我來說都是壓力，所以做什麼都好，只要能釋放一些壓力出來，都好。

貝氏定理除了定期充當我的靠山，在這場相當私密的戰爭中，也一直充當我的武器，我可以利用事前假設，把自己拖離情緒崩潰邊緣。若無貝氏定理，我就只能被動回應眼前的證據──光只是噪音、臭味、塑膠按鈕，即足以推我落下懸崖。現在則進化成，這臭味沒真的那麼恐怖吧，畢竟一週前才有人上課時放屁，我到現在都沒臭死。機率表示，儘管看似困難，我也會沒事的。不同的觸發器或許對我內心的平衡帶來威脅，但有了貝氏定理，我便能排列優先順序，區分出哪些確實會對情緒造成重大影響，而哪些只是會踩到我習慣的痛點，因此得以選擇是否進入ASD關卡，儲備一些不可或缺的能量。

只要是人類行為，無論是自身的還是他人的，就無法完全預測，也無法完全量化，不過，我們可以將人類行為視為機率問題，面對遇到的人可以微調既有的認知及假設，進而決定如何因應這些情況。將伴侶視為科學研究的受試者，聽起來可能並不誘人（對某些人來說啦），但這是我知道的方法中最肯定能達成同理心的路線；我們得把伴侶當作受試者，因為大家通常並不會說出自己真正要的是什麼，他們用暗示、用身體語言表現，或是默默期待你發現。事實就是這麼簡單，這麼討人厭，如果你的心和我一樣，需要有清楚明確不模稜兩可的證據才能釐清，這事實就會是揮之不去的夢魘。唯有運用機率理論，才能將我們所知應用至誰**真的**想要什麼，檢視接下來可

能發生什麼問題，真正找到方法，安然駛過每一段關係中灰色迷濛的地帶。因此，假使你原本不確定一位十八世紀的長老教會牧師（即貝氏本人）適不適合作為指引你人際關係方面的明燈，現在知道啦。

爭執與妥協：模糊邏輯

觀察遇到的人只是第一步，要滿足彼此需求、創造健康關係，觀察只能帶我們到半路，無法完全協助我們做出必要的妥協，以及敉平無可避免的歧見。要揭開他人隱而不宣的謎團，我們也要有能力解讀透過觀察而得的證據，做出有助於逐步創造平衡的決策。於此，我們可善用人工智慧與電腦程式設計領域中一項重要原則：模糊邏輯。

你可能會覺得，現在不是要摸索人生中的灰色地帶嗎？從演算法著手，應該會很慘吧，不管是現在還是未來，人類心靈在這方面應該還是大勝機器腦袋吧？這個嘛，這點要成立，前提是我們可發揮最大潛能，每次都能辨明複雜情況，運用同理心，然後每次都做出對這段關係最完美的判斷。要是這情況無法套用在你身上（當然也無法套用在我身上），就還是值得看看機器學習技術人員如何想破頭處理。或許，有些概念原本用來輔助機器思考得更像人類，也可以反過來輔助我們。

若無特定的真實性（truth），也不是每個因子均可分類為0或1（也可能是左或右、上或下、對或錯），模糊邏輯即可協助演算法執行，讓程式得以在二進位檔案中運算，預估一個

非絕對命題真實的程度，例如，這餐點美不美味。演算法藉由模糊邏輯，即可判定某事大部分是否為真，在0到1之間的量尺滑動，不需要選擇一個確切不移的答案。模糊邏輯應用在自動化系統開發的方式無窮無盡：可供汽車剎車系統判定與前方車輛的距離，還可供洗衣機根據衣物的髒汙程度，調整一行程中水流、水溫與洗衣精的量。

模糊邏輯也可應用在賽局理論與衝突解決模式，藉此映射出一個人人各有偏好的生態系統，而且在協商過程中，可能就在0到1之間浮動——從堅定信念到完全願意妥協之間。

這項應用方式恰與人際關係最為相關。無論你多喜歡一個人，無論你多愛對方，仍勢必出現爭執，人人都逃不掉，但重要的並非爭執是否出現，而是應該如何好好處理。模糊邏輯掌握了箇中關鍵，因為其表明，人類一心想「吵贏」的欲望，其實沒啥路用。若某事值得爭執，亦即，若一人不願意承認犯錯，那就不可能存在於量尺的0或1其中一端，這下子，通常落進了灰色地帶。或許你倆都得低頭道歉，又或者，到底新沙發要買藍色還紅色，並沒有真正對的答案。爭執不是比賽，而應該是待解決的問題，勘可比擬3D版《俄羅斯方塊》，落下的方塊就是彼此凹凹凸凸的意見，你們得左移右旋，盡量填滿橫行的格子。我一直都不精通「吵架術」，甚至常常無法理解別人丟向我的尖刺長什麼模樣，但自從找到模糊邏輯後，就可以開始用自己的尖刺駁回：我對尖酸刻薄的評論並不陌生，而且因為有同事說我講話「很衝」，這成了我最愛的一個詞。

起爭執的理由千千萬萬種，有時是因為當下覺得無聊，有

時是對整段關係感到無趣，便挑起爭端，挑釁對方，激怒彼此，不過最重要的是，我們不是有惡意或脾氣壞，也不是想控制對方，其實只是深信自己是對的、另一半錯了：是意向與解讀不匹配的經典問題，正如《俄羅斯方塊》畫面上那些互相碰撞的方塊。我們爭執，其實是因為深信自己的假設及解讀值得當作準則，此時的我們缺少了貝氏同理心，不去體會對方可能的感受及想法，不去思考彼此迥異的觀點是由哪些經驗與假設砌成。

　　到了這般田地，你可選擇力爭到底，看誰吼得大聲、門甩得大力；或者，你可選擇模糊思考，接受這事並沒有絕對的對

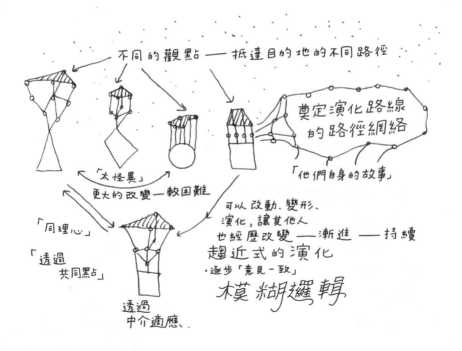

錯，並不是二元對立那樣分明。而且，你可以學學智慧型洗衣機，依情況調整想法。或許這件事不值得大吵一架；或許，你可以改變一下原本以為撼動不了的觀點，因為在這段關係中，這事就不值得大吵。或者，你大概只要接受這次應該得不到想要的結果，然後轉念想想，你以為吵贏很重要，但根本沒那麼重要。反過來說，有些事可能真的對你來說極度重要，另一半卻無法登時頓悟（我說我的傘）。這些時候，你得尋找折衷方案，不能光想著壓抑怒火、息事寧人。

最關鍵的要點是，別忘記運用貝氏定理與模糊邏輯。唯有兩人都從同樣的出發點看待某事，才有所謂的「明顯」結論。你一直深信自己的見解百分百正確，有一天，你發現百分百正確其實僅建立在自己舉世無雙的觀點上，你的假設與經驗還真的是自己獨有，另一半可能不認同，那個時刻，你的信念可能瞬間崩解。針鋒相對時，思考模糊一點，能引領我們遠離二元思考與輕率言論的一觸即發，得以放慢腳步，靜下心來考慮所有選項。在爭得臉紅脖子粗的當下，情緒沸騰到最高點，將己見變得模糊並不容易，但如果你想獲致結論，這才是更好的方法。

爭執可能是一段關係的營養補品。我們都需要有機會晾出自身感受，正如電腦必須偵錯，辨識漏洞與缺陷，以利未來更能有效運算。爭執處理得好，彼此互相尊重，不持己見，以模糊邏輯思考，可以視為偵錯程序，檢視一段關係中隱藏的問題，是展現同理心與弱點的機會：顯現更多彼此情緒與個性方面的織錦紋理，更了解彼此身為人的演化過程。不過，唯有

採用機器學習原理，才有可能實踐這點——在沒有絕對是非的情況下，我們必須找到在灰色地帶繼續過活與運算的方式。一段關係要跨越爭執與歧見障礙，關鍵在於了解自身的偏見，以及考量對自我的認識後，願意屈伸自己的信念。如果你有理由厭惡對方卻還是愛對方，那麼這段關係就是我說的理想關係：理想與否，只有經過演化才得以顯現。而且最棒的是，我沒有能力偵測到諷刺意味，也沒辦法對誰有先入為主的觀感，同樣地，也沒有能力懷抱怨恨，爭執落幕五分鐘後，我就會在隔壁房間倒茶水給你。等下次囉。

別人的氣味、觸摸、言語對我會造成強烈的負面反應，有時候我會懷疑自己是否對人過敏，我的身體真的會畏懼讓我感覺受威脅的行為——你看到這裡應該早已發現，我真的，會大大退縮。我常因為不了解同類而絕望：無法與他人感同身受，覺得自己不屬於他們的世界。就像我自身的免疫系統不斷更新，我也一直更新心理的免疫系統，嘗試處理並接納人與人生不斷演進的變動。有些變動很小，容易解決，有時候卻是上戰場，很像在應付常見的感冒。

但我內心深處也知曉愛的用處，儘管是愛令我們為難、痛苦、難以承受的時候，也是愛，讓我們感受到活著。我體內那個數學人也挺浪漫。她深信我們能多加運用統計、機率、機器學習的技巧，改善我們與心上人尋找愛與和諧的過程。假如你對資料科學在愛情生活扮演的角色半信半疑，我就直接問了，你用過Tinder、Bumble等約會應用程式嗎？因為真相是，我們

許多人都與人工智慧同眠共枕好一段時間了。

人際關係看似沾不上科學的邊，但其實科學功用多元，得以協助我們更妥善管理人際關係。要發揮功用，其中一項要點是體認到演化的關鍵地位，包括科學如何帶領我們到今日這個地步，以及科學持續在人類生命中扮演何種要角。人與人之間的關係絕非靜態，我們不得以此待之；一段關係必須視之為動態，牽涉到兩個（或以上）的人，而且需求、缺點與希望均會隨著時間改變。生理上，我們自然會演化；演化使人類從穴居時代演進到現代生活，讓我們每個人從子宮裡的受精卵演進到現在成年人的模樣。不過，我們未必知道或體認到成年後的人際關係也會演化，依我們的行為舉止來看，要說人類多年來都不曾改變，其實相當合理，或者可以說，無法想像人類會改變，因為我們未必會為了符合他人的人生變化，而努力改變自己的期望、假設、行為。是故，第一點是更能察覺一段關係的演化，包括自己的關係以及伴侶的關係，進而採取回應。

第二點則是接受任何關係中固有的不確定與不明確，並找出可行的運作方式，不要一味對抗。我們就是不能要求別人絕對得百分之百據實以告或清楚表達（儘管我**真的真的**很愛有人對我這麼做）。我們必須更有智慧：細心留神另一半的行為舉止，以利建立必要的情境與資料，用以評估機率。我們如能更加入微地觀察，就更適合擔任貝氏陣營的一員——最終成為更有同理心的伴侶。

我們除了更能察覺到演化、更會運用機率，也應該意識到偏見：明白自己的想法是受到經歷形塑，明白兩個人對於同一

件事意見分歧正是理所當然。大多數難題的答案並不存在於兩端，而是存在於其間，這正是模糊邏輯的精髓——在0與1之間，正是達成妥協的基礎，也是將爭執轉化成正面經驗的根本，防止一段關係應聲毀滅。

　　我們處在一段關係中，難免犯錯、後悔，有時候會納悶到底是怎麼了，大家都曾這樣，別怪罪自己了。光是一個人就是隻複雜費解的野獸，遑論要兩個人同心協力，要三個人融入一堆人之中。但我們若可退一步，運用新的透鏡來觀察相同的舊問題，結果會好更多。同理心、理解、妥協——我們都知道，若要建立細水長流的關係，就該表現這些行為舉止。而且，只要利用前述技巧，同理心、理解、妥協皆可改善並加強。相信我：我都做得到，任誰都做得到。

第九章

如何創造人際連結

化學鍵、基本作用力與人際連結

　　學校所有科目中，我最大的障礙是英語科。我十六歲時，閱讀能力年齡鑑定為五歲：不是因為我不識字，是因為閱讀能力測驗某些題目，我太過用字面去解讀了（題目問說一顆球被踢向窗戶，會發生什麼事，我很疑惑窗戶是打開還是關上）。

　　在教室裡，我會坐在專門挑選的位置，離老師愈遠愈好，離門（和散熱器）愈近愈好。五星級的座位，一星級的課程。我的心靈在無聊與焦躁間上下蹦跳，ADHD則會潑油救火。《人鼠之間》[1]放送到最後一段的時候，我會隨意畫出自己版本的故事；唯有透過圖畫，才能了解人物與各段敘事之間的關係：用我的小小語言，融合自創的數學、藝術、文學符碼。我

1　譯註：《人鼠之間》（*Of Mice and Men*）為美國作家約翰·史坦貝克（John Steinbeck, 1902-1968）名作，主要著墨基層人民的苦與美。此作品講述在經濟大蕭條期間兩名農工藍尼（Lennie）與喬治（George）在加州尋找工作的故事。兩人情同兄弟，但藍尼力大無窮，常常意外闖禍，喬治總得收拾殘局，領著彼此前進夢想。但藍尼最後一次失控時，喬治不得已只得槍殺藍尼。

看得出來，顯然其他同學也在心中亂畫亂塗，他們早已伴著朗讀出的一個個字符而神遊，但，是我的鬼畫符，讓這位我最沒好感的老師注意到了。

「卡蜜拉！看來妳又在亂畫了。請說說看，妳要怎麼描述藍尼和喬治之間的關係？」

「從頭到尾都是正切。」

好幾位同學從亂畫亂塗之中清醒過來，噴笑出聲。

因此勇氣大增的我，繼續說道：

「正切曲線顯示了幾段大亂流期，其中有幾段短暫冷靜的平臺區；還容納對比極大的對稱，在特定點包含了極化區域，無法趨近也無法定義──我說的是漸近線。我可以從他們的兄弟之情中看出這點，幾乎像是磁力。」

這回答，鐵定不符合期望，也很快就印證。我遭到厲聲申斥，罪名是不認真看待這小說，搞得同學分心，甚至讓文學蒙羞（還真有影響力，挨罵的這個人到這年紀連一本小說都不算讀過呢）。老師非難完畢，課堂上每張臉都朝我轉來，老師也朝我移來，欺身近到我聞得到她的口氣。緊繃的靜默與刺鼻的氣味觸發了我內心的焦慮，驚恐猝然爆發，我先蹲低到她的腋下，接著全速疾跑，雙手摀住雙耳。

不過立即的驚恐消褪後，我開始洋洋得意。在當下的混沌之中，新念頭開始浮上表面，可能性冒出泡泡。我的素描速寫，加上另謀蹊徑大膽評論文學作品，事實上引領我找到舉足輕重的真諦。人物關係以三角曲線切入剖析，激發了一次頓悟。若（不可否認是虛構的）人際關係得以利用這種比喻再現

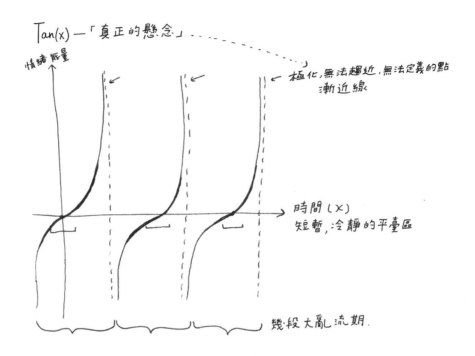

出來，或許數學與科學也有其他方式，可以協助我領悟人類連結與人際關係中的詭祕本質。這些就是我殷殷企盼的時刻；當我霎時認清，我知之甚詳的科學概念與我琢磨多時的人類問題之間，其實有道連結。

　　那明顯可切入的起點即是化學鍵，那連結原子及分子的化學吸引力，實際上也使我們的世界緊緊相繫。若說人與人之間可透過文化與情感互相連結，唯一可行的做法是，透過上百萬微觀的化學鍵與電磁力，使世界與我們的身體緊緊相連。從你呼出的氣到你杯中的水，萬事萬物皆可用化學鍵來解釋，若少了化學鍵，我們與任何事物真的會分崩離析。

　　化學鍵除了是物質固有，也具備說明功用。人與人之間有各色各樣的關係，原子、分子等之間也有不同屬性的各式化學鍵，有強有弱，有暫時性有永久性，一些仰賴吸引力，一些仰賴差異而結合。此外，化學鍵與人際關係一樣，並不會孤立存在，其存在與演化是由四周的基本作用力形塑而成，相吸而束縛在一起，或是拉離彼此，使其往不同且意外的方向移動。

　　一開始的課堂白日夢轉化成了探究人際關係的重要利器。我將鍵結與力場當作範本，為各種人際關係建立模型，闡明其形狀、本質、目的；又，由於人與人本會逐漸更加親近或疏遠，建立模型後，也可用於分析各種關係行進的方向。基本上，化學鍵促使我體認到每段關係各有所異，依屬性與功能可分成多種類型，提供了重要資訊，令你得知該期待什麼。科學家利用對化學鍵的認知，推究原子、分子、系統回應彼此與共同作用的方式，我們人類也可從相同做法獲益：認知到儘管人與人之間的關係可能並不會一模一樣，仍然有些範圍廣泛的分類方式，可讓我們知道會有相異的結果。

　　如果我們能更深入了解相繫彼此的鍵結與個別屬性，就能站在更佳的制高點，掌握逐漸演化與成長（或終止）的關係。你若曾困惑為何朋友離你遠去，或曾猶疑不知如何斬斷一段已過期的關係，鍵結的概念有助於驅散疑團，你會知道，答案並不是全繫於我們的行動與個性，也不是全繫於別人的行動與個性──而是人與人之間鍵結的本質。一旦領略這點，事態就逐漸明朗了。

無所不在的化學鍵

化學鍵存在你我周遭，我們雖看不見，但能確保所有我們看得見的一切正常運作。

所有化學的基本行為便是產生鍵結。如前所述，原子結合成分子，後來創造了蛋白質等結構，作為自然世界的基石。

鍵結的產生正如人際關係，涉及了協商——這裡協商的主角指的是電子。每一個原子由三種次原子粒子構成：除了電子，還有質子和中子。原子的中央部位即原子核，由帶正電荷的質子與不帶電荷的中子組成，外殼層則為帶負電荷的電子；一個原子內正負電相等，意指原子內部一直處在拔河狀態，欲在兩種相牴觸的力量中達成平衡——很像我們人類在腦內小劇場裡會做的事。

電子必須交換才能形成化學鍵：一原子與其他原子結合，創造更為穩定的整體結構，即化合物。除了氦等惰性氣體外，很少原子本身即含正確數量的電子而達成峰值穩定。所以說，一原子會找別的原子在一起，讓自己完滿（哇喔～）。

就這點而言，原子還真的與自己最終創造出的人類別無二致，尋來別的原子，建立連結，求得更幸福又（或許）更簡便的生活。不僅如此，原子與人類也一樣，結合的方式林林總總，有些是心靈真正契合，共用一個電子；有些是一原子借出一個電子給另一個原子；還有些是電子交換產生電荷後的產物。

依我之見，原子形成的鍵結與我們創造的人際關係，兩者顯然相似，欲理解箇中含義，可先了解兩種主要的鍵結類型。

共價鍵

　　化學鍵形式中，最能互相扶持的形式是共價鍵（covalent bond），意指兩個以上的原子共用電子，組成外層的原子殼層結構。這種鍵結的神奇數字是八，亦即，外殼層電子數為八時能達到穩定——此狀態代表原子核與電子之間的電磁推力與拉力最小。

　　也就是說，原子參與了某種像是化學界的快速約會，找到一個或多個對的人來填滿這額度。以大家正在吐出的化合物來舉例好了。二氧化碳（CO_2）是由一個碳原子與兩個氧原子組成；碳原子外層的四個電子能與氧原子產生鍵結，而氧原子本來就有六個電子，一個氧原子共用碳原子的兩個電子，這下兩種原子的電子數就都變成飽和的八個了。

　　共用電子形成鍵結，達成穩定狀態，代表的是齊心協力達成化學平衡，雙方（或所有參與者）皆需要彼此相同付出，呼應的是抱持相同認知、共享原則或價值觀的人際關係：內建了對稱，得以創造亙久不移的連結，具備微乎其微的變動性或揮發性。假使你遇到某人，感覺已認識對方一輩子，就能體會到共價鍵的感覺，這段友誼緊密直接，穩固安定。

離子鍵

　　若說共價鍵是互相依賴，離子鍵（ionic bond）則是互相交換。一個原子的電子轉移到另一個原子，創造靜電荷，使原子緊緊相繫。

再以另一種日常熟悉的元素為例。氯化鈉（NaCl）中的鈉原子給出外殼層的一個電子給氯原子（原本外殼層有七個電子），形成了鈉離子與氯離子，因而分別帶有正電荷與負電荷，異性相吸，產生鍵結。食鹽就是這麼來的。

離子鍵（或稱極性鍵）因差異而互相吸引，比較不像是補足彼此，較像是力量的轉移。這種關係正如你知道某人可能與你南轅北轍，但就是有興趣或吸引力，讓你向對方精準無誤地愈靠愈近。離子鍵強度比共價鍵大，需要更多能量才能分散，亦即，其熔點及沸點都更高，意味著儘管如離子鍵般的關係可能更易揮發情緒，但就化學定義而言，其實關係更為牢靠。天生不對稱反映了一段友誼中力量的平衡狀態；體質健康的友誼自然會交流、交換，雙方逐漸力量均等。

共價鍵與離子鍵是主要的鍵結形式，還可進一步細分。種類各異的鍵結，展現的是人際連結的本質如何掌管一段關係中如此多不同的元素：無論固有鍵結強弱，是因差異或是相似而形成，力量為共享還是雙方不平衡。化合物可和人際關係一樣複雜，由不同的鍵結形式構成。最明顯的例子是水。水分子核心化合物（H_2O）為兩個氫原子（分別帶一個電子）與一個氧原子（六個電子），兩者形成共價鍵，但不僅止於此，因為氫原子會持續受到鄰近的氧原子吸引，形成額外的離子鍵，這種結合方式稱為氫鍵（hydrogen bond）。正是這種混合共價鍵與離子鍵的特性，使得水分子成為功用最多且兼容並蓄的介質。氫鍵正似你職場同事與運動隊友的關係：通常不如好友或家人那般強烈，卻是必要的連結，可以適應許許多多的情況。

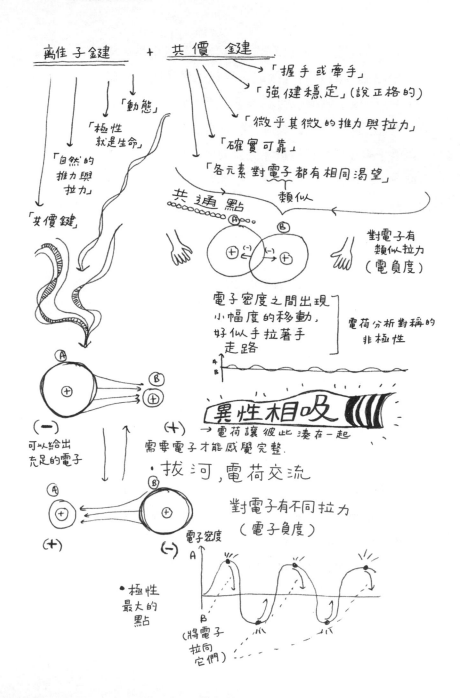

離子鍵　＋　共價鍵
→「握手或牽手」
→「強健穩定」(說正格的)

「動態」
「微乎其微的推力與拉力」

「極性
就是生命」
「確實可靠」

「自然的
推力與
拉力」
「各元素對電子都有相同渴望」

共通點　類似

「共價鍵」

對電子有
類似拉力
（電負度）

電子密度之間出現
小幅度的移動，
好似手拉著手
走路
電荷分析對稱的
非極性

異性相吸
→ 電荷讓彼此湊在一起
需要電子才能感覺完整.

（－）
可以給出
充足的電子

（＋）
・拔河，電荷交流

對電子有不同拉力
（電子負度）

（＋）

（－）
電子密度

・極性
最大的
點

（將電子
拉向
它們）

若說蛋白質的個性有助於了解社會團體的互動機制，顯現鍵結個別的極性，也正可說是判定人際關係形成方式的關鍵。有些原子外向，願意給出電子，有些原子內向，寧願接收電子。惰性氣體也有人類的版本：電子殼層（私人生活）已經飽和，不需要或沒意願與別人進一步互動。原子會依據需求填補一或多個電子，人也可能會尋覓伴侶來促成完滿，或找到朋友建立連結、形成羈絆。這些向外尋求連結的行為，或是原子形成鍵結的潛力，稱為「價」（valency 或 valence）。

疏水效應

反之，有些人就是跟我們怎樣都處不好，還會處處作對——鍵結也能解釋這些敵意相向的關係。想想看，你添油加進水裡會發生什麼事。極性的水與非極性、低密度的油一接觸，結果就是兩種分子只寧願與同類互動。這就稱為疏水效應（hydrophobic effect），也說明了為何你吃完超辣的東西後，喝水也沒用。辣椒中主要的化合物是辣椒素（capsaicin），並不會與水分子形成鍵結之後流失，水只會流經辣椒素，散布到舌面各處，然後與更多舌頭的受體結合，增加灼熱感。

疏水效應解釋了為什麼有些小圈圈就是那麼封閉，學校的惡霸為什麼滿懷惡意，他們不想讓你加入圈圈，主動對你粗言冷語、拳打腳踢，就代表他們不願與你形成鍵結，圈圈已有了如原子穩定般的社會結構，希望繼續如此互動，因此就將你斥逐在外。人類的疏水效應，意指不穩定的原子與同類連結——

皆具非極性的特質，亦即不願意與非我族類的人產生連結，因為新人可能摧毀這團體得來不易的穩定性，維繫團體的要素是共有的恐懼：恐懼遭人指點、恐懼自卑感侵襲、恐懼遭到拒絕。他們就像油分子，雖聚集起來，卻未見其融入更大的群體，因為他們懼怕與非同類接觸，以免撕裂目前小心翼翼構築起來的連結。這些在幼時的我們眼中如此高攀不了的小圈圈，明顯透露的通常並不是優勢與信心，而是弱點，懼怕展現自己的本質，害怕遭其他原子比下去，這些特質並不會促使他們團結一心，反倒只會加速分裂。

　　鍵結提供了建立連結的指南，也同時指引我們不可能前進的方向，因為應對的是基本上就不相容的分子，本來就不願玩在一起，若他們就是不願走出原子殼層，你也無能為力。鍵結也會凸顯任何關係中平衡的重要。還記得吧？每個原子核都有帶正電荷的質子，外層的軌域都有帶負電荷的電子，原子若以離子鍵結合，兩個原子核相吸而靠近，之間的距離稱為「鍵長」（bond length），鍵長愈短，鍵結愈強，除非兩個原子核靠得太近，質子反而開始相斥，恰似朋友或伴侶變得太黏、太強勢，或是不小心趁你在上大號的時候闖進去，就到了你必須重新劃清界線的時候。鍵結提醒了我們，若要與人形成有效穩定的關係，彼此距離可以非常近，也可以非常遠，一切端視情況而定，只要了解你與對方產生的鍵結本有的揮發性，落在你好我也舒服的位置即可。

　　若你期待結交好友、找到另一半，便必須確認彼此的價

（結合的力量），有助於你判斷自己可能與人形成哪種連結，你是否能依照別人要求而給予、接收、分享一部分的自己，以及最終你可以與人形成哪種關係，是平穩、共價？還是情緒方面高度帶電但難以打破的極性狀態？確認之後也可以協助你判定，對於這類關係，自己是否能開放心胸接受，是否覺得安穩？

　　我們與人連結，終究與原子形成鍵結的原因相仿：求得安全穩定，並找到自己踽踽獨行時未有的某種事物。我們與原子還有另一面相同，亦即只能以對的理由與對的伴侶產生鍵結──而且自己本身得擁有足夠的穩定性，來維持彼此的關係。

四大基本作用力

　　化學鍵並不是孤立存在，而是環境的產物。自然界有各種作用力，得以使原子構成化學鍵並四處游移，也有助於解釋為何原子能聚集、如何分裂，闡明壓力施予的方式以及逐漸帶來的影響。若欲知曉的不僅是連結最初如何形成，還包括其如何持續或為何逐漸斷裂，則需要探究這種作用力及其運作方式。其中，一般認為自然界有四大基本作用力：

1. 引力：引力是最弱的一種，但為長程力，作用範圍無限。大家都深諳引力的作用：讓我們站在地球表面上。沒有引力，物體就無法固定：你坐不上椅子，咖啡倒不進杯子，屋頂裝不上你家。引力是人生中持續存在且教

人放心的力：正是為什麼我喜歡坐在地板上開筆電工作，因為任何東西掉落的空間有限（只要我身體下方的地板撐得住就好）。由於引力與質量成正比，兩物體質量愈大，之間的引力便愈強烈，引力就是，最大型的物體說了算。在太陽系中，月球運行的軌道環繞著地球，原因是月亮只有（略大於）地球的四分之一，但太陽質量是地球的三十萬倍以上，因此會將地球拉近其引力場。

我們得察覺到一段關係中是否有同樣的傾向：是與另一半平起平坐，還是其中一人的年紀或個性的質量更大，因此作為引力核心呢？如此一來，可能變成一方較強勢而約束另一方，又或者你人生中尋求的可能就是這種支撐力，你缺乏這種穩重的質量（或許是人生歷練），因此深受吸引。無論情況為何，必須察覺到關係中的雙方猶如向彼此施予引力，也必須釐清彼此的互動是否創造了平衡狀態。通常會有一方運行在另一方的軌道上：辨明哪一方是哪一種角色，確定這種關係是否適合自己，將大有助益。

2. 電磁力：描寫人際關係的一章援引電磁力，誠屬夠格的生力軍了。電磁力為自然界的吸引力法則，依據電荷極性使物體聚集或分開。電磁力堪比化學領域的羅密歐與茱麗葉[2]，從兩個互相垂直的力場而產生。一個力

2　譯註：《羅密歐與茱麗葉》（*Romeo and Juliet*）為英國文豪莎士比亞之悲劇作品，男女主角羅密歐與茱麗葉所屬家族原本為世仇，卻墜入情網，引發

場為電場，主角是靜電。有靜電，代表兩個大小相等、正負相反的原子因固有極性而結合（希望不是注定失敗的結合），構成「偶極」，相處時靠得很近，但又相隔一定距離[3]。另一個力場為磁場，主角是磁。因帶電體的迴轉運動之大，形成了自己的磁場，原本混沌的粒子群變得不僅同調、具方向性，也帶有磁勢（magnetic potential）。兩大主角正好奠定了物體磁力研究的基礎，闡述了自然界基本的吸引力法則。

　　如上述所提，因電子轉移而產生的電磁力也創造了離子鍵或極性鍵。假使我們的身體是電子活動的大本營，則在宏觀層次會經歷幾乎相同的電子活動，也在意料之內：某些人對我們來說幾乎就是具有磁吸引力，使我們感到有必要交換電子（以及其他任何事物）。電磁吸引力可穩定，也可不穩定；由於其極性本質，可能會極化，可受激發且帶高電荷。一段激情四射的關係，本質即為電磁吸引力——強烈、潛伏危險，而且必因揮發性受到威脅。是故，假使誰夸夸談起愛情裡的「火

家族內的火爆衝突，也導致兩人殉情而死。

3　譯註：原文為「where two atoms quite literally have a moment – known as a dipole」，作者在此不僅提到「偶極」（dipole）的概念，亦以「have a moment」（一般意義為「相處時」）雙關「偶極矩」（dipole moment）。電磁學中，電場中的偶極稱為「電偶極」，為兩個相距一段距離的正負電荷組成的系統；磁場中的則稱為「磁偶極」，指的是載有電流的封閉迴路。偶極矩為向量，用來表示偶極的特性，可衡量正負電荷的分布狀況。

花」，你想翻白眼，饒了他們吧，他們比你想得更有科學精神呢。

3. **強力（強核力）**：你這一章既然已讀到這兒，可能發現矛盾之處。若那麼多化學鍵的產生是粒子因異種電荷而相吸、同種電荷而相斥，那質子怎麼辦呢？一群帶正電荷的微小乒乓球在每個原子核裡緊緊相依──恰好與靜電力逼使他們做的事情相反？這其實是拜眾所周知的強力所賜。強力勝在簡單，你可能沒聽過強力這大名，但絕對會感激它；沒了強力，組成我們的原子就會裂解，我們也會隨之崩散。

不須說得太仔細，也不須介紹那些聽起來像遭《超時空奇俠》劇中人物拒於門外的新朋友（夸克、膠子、強子）[4]，便足以了解強力的存在，而且比會拉開質子的電磁力強勢得多。所以強力的威力最大，但為短程力，作用範圍最小。用人類世界的話來說，我喜歡將強力比喻成源自內在、深植於心且強而有力的價值觀：愛、忠誠、認同、信任。我們幾乎看不見強力，也幾乎看不見這些使人類緊緊相繫的價值觀，或許也並未完全理解，

4　譯註：《超時空奇俠》（*Doctor Who*）為英國科幻電視劇，自一九六三年播映至今。主角為宇宙最後一位時間管理者「博士」（the Doctor），利用名為TARDIS的時光機展開冒險。夸克（quark）為帶電的基本粒子，能感受到強力，三個夸克組成質子與中子；膠子（gluon）為負責在兩個夸克之間傳遞強力的基本粒子；強子（hadron）為由夸克或反夸克透過強力束縛在一起的複合粒子，最穩定的強子即為質子和中子。

卻深諳自己相當需要，以利為人生定錨。在任何人生命中皆為要角的基本作用力就是強力，其地位與鍵結一樣重要，有時候覺得整個世界都在拉散我們，源自內心深層的強力，就是維持羈絆的那股力量。

4. **弱力（弱核力）**：最後一項基本作用力能影響粒子變化，大致說明了某些原子固有的不穩定本質。弱力之名雖有個弱字，卻不是四種基本作用力之中最弱的（引力），而且比其名具備更大的影響力。弱力也是短程力，作用範圍很小，卻是唯一可以實際改變原子內部組成的力，促成原子核的衰變（在此姑且概略解釋，弱力會改變夸克的風味〔flavour，指類型〕，而夸克即質子、中子、電子中最小可衡量單位的次原子粒子）。

　　弱力會造成原子不穩定性，但原子不穩定性，通常也是釋放強大能量的來源。太陽閃耀萬丈光芒，即需要弱力來產生核融合，氫原子核相互撞擊，結合成氦原子核，產生強大的熱核力。核分裂也需要弱力。同理，弱力可能是強烈不穩定性與強大破壞力的來源。人生中有時候也會遇到弱力般的人，這種人會質疑你的信念，蠱惑你，讓你以為自己記錯、有病，讓你內疚，進而操縱你，緩慢漸進地蠶食你的自信與自我感，有些人則是想改變你，讓你和他們相處起來更舒服——帶你到他們所處的層次。

　　但從另一方面來看，弱力確實必要，能破壞不再符合所需功能的鍵結，讓我們離開一段困頓或毒害的關

係，跨步向前。有時候斷開這類羈絆，不太能冠上自私之名，反倒應該說是自保。既然改變的揮發性無窮，也蘊含潛能，可解鎖各種機會與個人成長。若說基本作用力組成了我們，又讓我們彼此形成鍵結，弱力的存在則是以相同方式狠狠拉開我們。你得明瞭何時該抗拒，何時該接納。

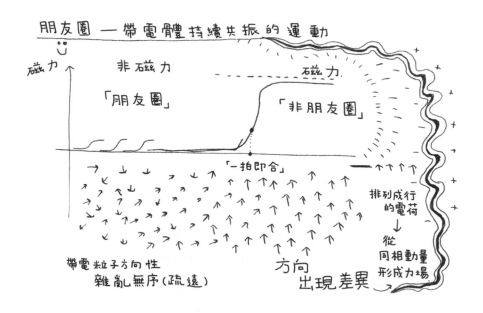

四種基本作用力不可或缺，一是讓我們站在地球表面，二是創造吸引力與排斥力，三是使我們緊緊相連，四是分解事物。每種促成我們存在的元素，都是這些作用力的功勞，不僅如此，這些作用力也提供切入角度，探究人際關係如何連結、如何帶來感受，以及有時候如何在未發出警示的情況下崩解，

並在在顯示了，所有施予的作用力之間，達成平衡才是關鍵。一段關係中若感覺不對勁，原因八九不離十，就是出現不平衡了：或許是一方喪失磁力，抑或是引力太強烈，造成另一方動彈不得，抑制了表達自我的機會與演化進程。有時候，維繫一段關係的強力或許就是消散了。或者，你可能受到弱力驅使，體內某部分改變了，不再相容於這段關係中。

我們陷入愛河，斬斷舊情，曾經重要的友誼開始缺席，若要深究起原因，作用力是不錯的切入點，我們可藉此思考得更精確：最初是因為什麼與誰在一起，這些條件可能如何變化，又是為何變化。若問起為何人生中某種物事伴隨著你或離開了你，四大基本作用力通常都能解答。

生命中不可承受之鍵結

若說鍵結提供了剖析人類連結方式的模型，也可用來闡述這些連結逐漸磨損而分解的部分原因。

天下沒有無堅不摧的化學鍵。每種化合物皆有熔點與沸點，唯一真正該問的問題是，得花費多少能量。以離子鍵形成的氯化鈉，僅需少許的水就會造成破壞，熱水的破壞力尤其大。

鹽加入烹煮義大利麵的水之後溶解，在你聽來應該不像戀人分手或友情變質的故事，但本質相當。鍵結存在的條件已出現變化，隨著溫度升高，其連結也不再強到足以維持。所有關係均會隨著情況改變而產生變化：鍵結是否堅強到足以存續，

取決於鍵結的本質與改變的程度。

　　舉例來說，泛泛之交猶如氫鍵，若一方移居國外，友誼不可能還會延續；然而，若你和同事之間已建立起離子鍵，你換工作後，友誼也不可能就此畫下句點。情境儘管改變，你們身為人的極性並未改變。兩人漸行漸遠，常聽見的原因是「他變了」、「她跟以前不一樣了」。個人演化的所有面貌，僅用一句說詞就約略帶過，不過是搪塞了人生閱歷造就的變化，敷衍了享有的成就與煎熬的敗舉，亦抹殺了人生經驗中美醜的印記。

　　原子化合物可能建構了一座實用模型，進一步挖掘人類的連結，但當然，我們比這個模型還更複雜一點。我們的需求、個性、目標皆可能逐漸演化，而且是以碳原子外殼層執行不了的方式。碳原子外殼層會有四個電子，汲汲營營尋覓其他兩個氧原子來達成飽和。人類的靜電需求則更可互相交換。我們會改變，而個性、態度、人生志向的改變，可能會帶來價的改變。尋求不同的事物可能意指尋求不同的人：或許是想在派對咖裡找到長久相處的朋友，或許是想找到重視家庭也重視玩樂的另一半。

　　我最近深刻體驗到，什麼叫做與重要的朋友分開。我倆認識多年，形成的鍵結之強力，是可以成天坐著耍鬧、玩吉他、笑到差點尿褲子的那種，是簡簡單單就樂不可言的友情。但我倆的人生道路岔開了。或許是職涯進展速度不同。曾經不須刻意就將我倆鍵結起的共價感消褪了，取而代之的是對方更加需要但我給不出的某種感覺。此時通常感覺就像弱力接了手，改

變了對方某部分的個性或快樂感，還威脅要摧殘你，你則得試試是否能共用或給出電子，協助對方重新完整自己。但不是每次都可行。有時候就是對方電子需求的規模或頻率太大太高，不適合一段友誼健康永續發展。別太苛責自己了吧。人類可能天生就能建立連結，但供給別人也有個底線，以免損蝕了保護我們個性、需求、身分的強力。

　　你和愛人分手、和好友失聯，自然而然會責怪自己（當然，會先大哭一場），斟酌自己做錯什麼，重來一次的話，可能會有哪種別的做法。鍵結可協助我們找到更平衡的觀點，讓我們知曉不是每種鍵結都可隨著演化而持續，儘管有些鍵結在你目前為止的演化進程中居功厥偉，就是不會永遠存在。或許，最寶貴的體悟是，儘管目睹鍵結的裂解，也未必造成我們裂解。化學上，鍵結或原子特性的變化理應不僅是該狀態的終結，而是另一種狀態的開端：創造產生新鍵結的空間。人類也理應如此。我們面對一段關係分裂，可能得花上一杯溫牛奶的時間重新設定自己，安撫自己。但，無論我們目睹多少鍵結斷開，必將留著我們最具人性的能力：重新開始一段新的連結，結交新朋友、找到新戀情。我們的外殼層早就準備好給予或分享下一個電子。

　　本章談論的化學鍵可能幾奈秒之間就形成了，奈秒可是我們感知不到的時間單位。人與人之間的連結本身也可能會立即形成，儘管我們還是得注意**親和力**（affinity）與**親留力**（avidity）的差別：親和力指單一的相互作用，生物學概念的

親留力，則是許多親和力經過一段時間形成的整體連結。親留力才能真正實質連結彼此，將兩段人生搓出雙股，繫上由共享經驗、興趣、志願、價值觀織成的網。這類親留力僅會發生於兩人可以一起演化共進的情況，兩人彼此攜手加強與深耕原本的鍵結，才不會過度使勁，拉壞初始的共價鍵或消除原本的磁吸引力，最終導致分裂。

　　培養呵護這些鍵結，是我們的本能。大家都會花時間琢磨如何照顧身邊的人：在他們困厄時，說出對的話語鼓勵他們，到場歡慶他們的成就，甚至忖量要為他們烹煮什麼好料，買來何種生日禮物。同時，我們也會死守於爭執、隔閡、歧見之中。是他們不對，還是自己？

　　藉由化學鍵與基本作用力的角度深究人際關係，可以重新破解這些問題，進一步挖掘人類連結的本質，確知那些聚集我們與逼使我們分離的因子，有助於理解自己施予他人與他人施予自己的作用力——這些作用力是否為有益的平衡，抑或是有害的不平衡力量。對我而言，這指的是找出經營新關係的方式，以及賦予我們能力逃脫本能自責的窠臼，反思分開的實際原因。有時候，大家都沒錯。鍵結斷裂，是因為作用力超乎我們的掌握，滾水中必定有一顆義大利餛飩爆開。

　　思索鍵結的本質，能讓我們重新評估個別關係以及整體的人際關係。這些不同種類的連結也以多種方式滋養了我們：共價鍵的關係是穩定、提供支持，帶來撫慰、安心，離子鍵的關係是體驗刺激、熱情，通常還有愛情。一種是人生中的潺潺流水，有起有落，也會改變路徑，但永不乾涸；另一種是點亮夜

幕的煙火，能量之大，可能性之廣闊，震撼了四座。我們兩種都需要，理由各異，在任一給定時間點的比例依據個性與人生需求而不同。

我們正如組成我們的原子，持續形成新的連結，追求人類本能渴望的歸屬感與穩定性。有些關係將冰消瓦解，有些將永世長存；有些會完整我們，有些會讓我們感覺似乎即將撕裂彼此。對於牽起新關係的方式，沒有人會是絕對冷靜客觀，我也膽敢說，沒有人會完全以科學角度看待，不過，化學可以帶來煥然一新的觀點：賦予我們信心組成各種鍵結，斷開各種關係，有時候重組連結，從彼此之間定義自己。

第十章

如何從錯誤中學習
深度學習、回饋迴路與人類記憶

　　有ADHD的你，老是忘記你本來想做的事。我的工作記憶（大腦內短期留置資訊以供立即使用的部位）一直遭到新念頭、衝動、情緒反應暗中攻陷，感覺彷彿是，你無論到何處，儘管只是到隔壁房間，工作記憶必定自動重新整理，原本所處的情境立刻銷聲匿跡。這表示我根本不可能記得了仇，而且我常常一離開家門，就忘記本來要去哪，為什麼要去那兒，結果發現家鑰匙丟在健身房用的包包，然後包包還放在家裡，是這個月第三次了啊。我可能回到家後好幾小時，才發現忘記脫掉外套，因為一進門就突然整個人黏上隨手拾起的書，或立刻決定組裝起家具。某些時候，我會一心一意投入某件浩大工程，舉凡規畫通勤路線啦，做作品啦，結果完全忘記其他事，例如吃飯這檔事就會被我拋到腦後。我的思緒彷彿蒼蠅繞著腦袋嗡嗡嗡，但震耳之聲截然有別，相形之下，我的心靈卻秩序無比，好似穩穩固定的帳篷釘。

　　由於短期記憶對我來說是個難題，我已深究良久，整理出大腦處理與儲存記憶的方式。我也拿自己做實驗，確認是否得

195

以改善短期記憶的運作模式。另外，隨著我對機器學習機制的認識更加透澈，也開始認清，科學家正在開發的人工智慧系統，可如何協助我們重新思考這場人類與記憶的戰爭。

我們必須知曉記憶如何運作，因為這不僅關乎你能準時出門上班，還記得帶上鑰匙、穿好褲子而已，記憶也代表我們身為人的基石：本能、經驗、人生，造就了今日的我們，也塑造了明日的我們。若不了解記憶，就無法理解思維過程、心理、對人事物的反應，或者重視的事物，事實上，會無法理解，或完全不認識自己。

反之，若更了解記憶運作的方式，知道哪些受到放大，哪些受到壓抑，哪些呼之欲出，哪些其實是隱藏起來以防回想，也能協助我們在人生旅途上更加專心致志，獲得更多支援，離開不好的回憶，掙脫束縛我們的枷鎖，著重於可以從中學習或汲取力量的部分（挺灑狗血，但，是真的）。如果我們任由記憶擺布，可是不堪一擊：那些讓我們焦慮或羞愧的舉動、話語、念頭，逐一積攢。負面的回憶不僅令人痛切、苦澀，還會主動妨礙我們向前邁進，舉例來說，我會想起之前赴星期二的午餐，畫了藍色眼線（只是出於無聊），結果遭到恥笑的那種扭捏不舒服。

記憶與能量非常相像，無法摧毀，只會變形（不過有一點和能量不同，記憶可以創造——在每個活著的時刻，都會創造新的回憶）。記憶可帶領我們回到形塑自我的人與地，在艱苦難熬的時候，安撫、滋養我們，為我們打下基礎，準備投入下一場冒險。

　　我們每個人都內建記憶庫，也可以多花點心思掌控記憶，記憶正如肌肉，也可經訓練——不一定會訓練得更強，但會更能滿足我們的需求，優先挑出有益的記憶，篩除有害的那些。我們可以更進一步察覺記憶運作的方式，依據優先事項調整記憶力，藉此更加快活，注意力更集中，目標更明確。我鑽研與人腦最相近的科學產物，才習得這項技能；這項科學產物即為人工神經網路。人工神經網路可經過設計，將處理資訊的方式最佳化，以利達成特定結果，而人腦也可以經過微調，以便最能有效利用生活中製造的海量資料。

　　若你曾忖度如何逃離人生中那片烏雲，避免過往記憶箝制你的未來潛能，那麼這一章很適合你讀。我想證明的是，採用深度學習技術，闡發回饋迴路的力量，也能善用人類記憶，為自己帶來益處——從錯誤中學習，不會受到過去牽制（像是我八歲時被迫穿的那件紫色無袖背心）。

　　記憶可能是在過去製造的，但其最重要的角色，是於現在及未來協助我們做出決策。我們選擇記得的部分足具關鍵，決定了我們如何應對人生中各種情況。透過人工智慧獲得的啟發，正確調整我們記憶的方式，就能拔除這個緊箍咒，轉化成最重要的力量來源。

深度學習與神經網路

　　以神經網路來比喻人類記憶堪稱完美，原因且容我細數如下。第一，最明顯的一點，神經網路的模型取經自人腦，設計

出最接近人類直覺、感知、思維過程的代理主機,這三者目前人工智慧都辦得到。第二,神經網路的功能仰賴回饋系統;若要了解自身保留特定記憶與從中學習的能力,這套系統位居樞紐地位。我想側重討論的,正是這套回饋迴路,以及其對我們編製自身記憶的方式有何啟發。

不過,先從頭開始吧。何謂神經網路?神經網路能提供何種指引?首先,神經網路是一種演算法,為深度學習技術的主要工具。深度學習技術為包含在機器學習機制之內的子集,指機器面對必須「思考」的複雜問題時,依據輸入的資料迭代運作。神經網路演算法的設計旨在將輸入轉成輸出,亦即,將感覺與知覺轉成決策與判斷。換句話說,演算法使用的資訊或資料是為了改善其對特定問題的了解,問題可能是分析城市的交通流量,或是依據歷史資訊預測房價可能上升的幅度,也可能是利用臉部表情偵測心情。在這些情況下,輸入系統的資料愈多,演算法取用的參考點愈多,機器學習模型就愈能判斷出好的答案。神經網路比傳統機器學習機制更為獨立,程式設計師定義應該搜尋的物件時,不需要輸入那麼多資料,因為神經網路透過內部邏輯層即能自行創造連結。

你可能讀過自動駕駛汽車、機器大規模自動化取代人力等更極端的應用實例,這些人工智慧最終皆得仰賴深度學習技術;目前我們開發出的電腦程式中,最近似人類思考方式(但受到大量局限)的就是此技術了。深度學習技術的應用也包括犯罪紀錄調查、藥物設計、技壓最強職業棋士的電腦程式,均有賴模擬人類心靈串聯思考的能力。

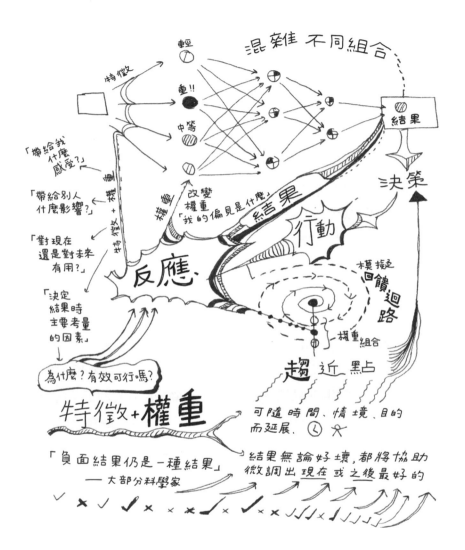

神經網路以人腦為架構，也是由神經元組成，但這裡的神經元意指輸入的資料，共分成三層結構：輸入層、輸出層和中間的「隱藏層」，即演算法思考的部位。舉例來說，若為自

動駕駛汽車，輸入內容包含道路角度、行車速度、車距、乘客體重、道路障礙物等所有決定輸出特質的因子，協助演算法判斷如何安全駕駛。這些神經元的連結與開火的方式至關重大。神經網路的關鍵在於，各連結皆分配了相應的虛擬「權重」（weight），使其對該網絡及輸出的影響各異，經比較並計算這些輸入的權重後，程式才能達成決策，得知哪類輸入最能指示特定結果而值得信任。再以自動駕駛汽車為例，行車速度以及汽車與道路障礙物（行人或其他車輛）的距離可能配有最大權重，對於決策的影響也最大。開發神經網路的目標是，經過一段時間大量試誤後，最終可為權重最大的連結指派最精確的值，以應有的優先順序（高或低）考量新的輸入。

　　直觀的機器學習程式能隔離並識別車輪、手、腳、側邊後視鏡等特徵，分辨汽車與行人的差異，但神經網路並不是利用這種特徵抽取（feature extraction）的方式，而是運用加權連結，直接偵測哪些是手腳，哪些是車輪，最重要的是，還能偵測出描述最精確的資料點組合（亦即，若這圖像有手有腳，很可能不是Honda Civic）。餵進愈多人與汽車的圖像，神經網路就愈有機會透過試誤使其權重及組合最佳化，提升輸出（決策）的精確度。人生中會堆疊起層層記憶，加深我們建立連結與制定決策的能力，神經網路亦復如是，處理的記憶（資料）愈龐大，則愈趨複雜成熟。亦如兒童第一次學習新事物時，神經網路若有更多機會磨練「心靈」，處理資訊的能力也更良好，演化得更完善。

　　此歸功於神經網路的第二個關鍵要素：回饋系統。神經

網路能比較預估結果與實際結果，計算預測誤差，接著運用我們的老朋友梯度下降法（參見第七章），判斷哪些加權連結誤差率最高，又該如何調整，這過程稱為「倒傳遞法」（backpropagation，別名「自我反省」）。換句話說，神經網路做了一件人類常常不在行的事情：從錯誤中學習。事實上，神經網路天生設定就是從錯誤中學習，運用內建的回饋系統不斷改進，並沒有人類那種對於犯錯的情感包袱。

　　人類常需要受到提醒才會想起回饋有多重要，想到要跟回饋這東西有任何牽扯，也會心不甘情不願。對許多人來說，「回饋」就是種髒東西。職場上最常出現這個詞，通常只是用中性不帶批判的方式來區分某種負面體驗：就是得知，無論原因為何，我們做得不夠好。回饋一詞整個都帶有負面意涵，活脫脫是對話尷尬、坐立不安、意在言外的一幅景象，不過，人類會這樣，只是因為太常不知道怎麼好好給予回饋、接收回饋。神經網路證明了，回饋確實舉足輕重。唯有比較期望結果與實際結果，從而調整假設或途徑，才能精益求精。若人生、職涯中老是沿用和以前一樣的加權連結，我們就絕對不會改變，也不會演化，更不會知道為什麼我們用同樣的方法做同樣的事，會覺得無趣、洩氣。

　　我們對於記憶的處理，也可以參考神經網路以回饋為中心的做法，或者，更精確地說，若能意識到這種過程，就能從中受益，畢竟這種過程早已發生，大腦每分每秒都忙著為所處理的資訊分配權重，決定該記得哪些，是否供立即使用、短期保留，或者之後能不能派上用場。我們記得的是那些常做常想的

（幸好因為常重複）、事關全局的（因為這樣就真的會拋下其他雜事而全神貫注），還有帶來特別影響的事件與時刻（也跟聚精會神有關）。我們會記住歸進這些類別的事物，意思不僅是我們會儲存這些事物的記憶，這些事物本身還會納入大腦的演算法之中，影響我們的偏見（加權連結），傾斜調整我們用來處理新資訊的透鏡。這次大腦將某種事物歸進重要類別，下次就會為這項事物調整優先順序，反之亦然，持續不斷。這些記憶的連結與關聯正是一片染色玻璃，用以看待整段人生。

　　大腦一直為碰見的事物排序成值得記憶與不值得記憶兩種，你若未意識到這種過程，就有些類似外包的約會應用程式，只會沿用你之前設定的偏好，並未實際確認你喜愛與否，就自動判斷可以滑動選取的對象。如此也留下了系統出現誤差的空間。若給予權重時依據的資料集太狹隘，成了「過度擬合」（overfitting）的模型，誤差便可能無法避免；或者，所依據的模型可能指出因果關係，但其實僅存在相關性，而產生誤報（false alarm）。因此，若你訓練神經網路利用腳掌大小辨別貓狗，一碰上巨無霸貓或體型特小的狗，該神經網路可能會傻傻分不清。

　　人腦也半斤八兩，可能會將我們不想或不須記得的事物排到前段，或是沒記錄到我們想記得或必須記得的事物，此時，便需要這些回饋迴路，將這些「誤差」轉化成可擷取洞察報告的資料，依此後續調整。隨便一位科學家都會告訴你，這世界上並不存在誤差或不良結果，只有促使你進一步學習的來源。因此，假使我們打算重新編寫記憶，取得更佳效果，就必須察

覺到這套指派核心權重的回饋迴路，並開始設計可行的最佳化程式。若無適當的回饋機制，我們就等於只使用一小部分的記憶力，卻妄想大大改變看待人生與周遭世界的方式。

重新設計回饋迴路

言既至此，回饋迴路究竟如何形成？我們如何與過往足跡的明暗解除敵對狀態，轉化為夥伴關係？我們深知回饋迴路正常運作中：過去的求愛片段、太多件只穿一次的爆醜開襟羊毛衫、最令人尷尬的事件（你讓男友用了你的 iPad，卻發現你忘記關掉谷歌搜尋「訂婚的好處與壞處」結果頁面），是因為回饋迴路，使這些片段內嵌至我們的意識，是因為回饋迴路，讓我們期待每天早晨第一口嘗到的咖啡。但該如何請回饋迴路**替我們**做事？

首先，得將人生中累積疊加的一堆資訊分割出來，整理成實用的資訊。隨著時間推移，人類的記憶層早就凍結一塊，難以分離出個別時段，判定此時此刻真正重要的記憶。過往的程式錯誤會蠕動爬至現在，蒙蔽判斷，擾亂辨析能力。電腦也有此問題：太多程式同時運作，會塞爆記憶體。不過，電腦可是搭載了解決方案：會除錯，刪除不再有用或不再有必要的資料。

要任何人除錯都是一大難題，但要有 ASD 的人除錯，更是難上加難。縱使我的工作記憶可能時好時壞，需要修修補補，但回想細節的能力恰恰相反──實在太厲害，厲害到成了

阻礙，我會憶起上個月搭火車時看到某人有點像酪梨，結果我反而分心，從現實脫軌。你身為亞斯人，代表有一副鷹眼，一對尋血獵犬的耳朵以及嗅覺，但現在是想努力當人類，這些特質就沒特別有用。

我們會注意到每一件事，儲存大大小小的資訊，記憶體很快就塞滿了。要擺脫對於蒐集資料的迷戀，真是舉步維艱。巨細靡遺的記憶是我們的血肉：用以再次確認自己的存在，以及與生命中其他人地的連結。而且一旦你擁有對每一事件、每一刺激都很敏感的心靈——不只是在汽車喇叭嘟嘟響、救護車嗡咿嗡咿的時候，還包括沒汽車沒救護車但你在等下一臺來的時候——想乾脆迅速地關掉開關，可不在你的選項內。

這個，也是我不願丟掉的部分。無止境的準備、規律一再印證了這種執念，但這執念，也是能讓你另眼看待世界的感受力：留意到一般人根本不會多看一眼的美與差異。我的觀察能力造就我的心胸開放、生氣勃勃，使我更接近動物本有的靈魂，比起現代化科技平常帶來的影響更大。

不過這樣也很棘手，因為一旦將每個雜訊記錄為訊號，就不可能與神經網路一樣運作，也不可能為加權連結建立層級（這樣也導致每次上街購物都讓我變得有點難伺候：媽，對不起）。

而且，我和大家沒兩樣，一直想要當個合群的人。雖然我可能覺得自己降落到不對的星球，不代表我想活得像地球人之中的外星人。在威爾斯長大，在科茲窩（Cotswolds）上學，到布里斯托讀大學，到倫敦工作，一直以來我孜孜不倦，奮力

游至主流。有個我真的無法不介意的事，就是英國人語焉不詳的特有文化：大家言談舉止常帶保留，想什麼都不太會表達出來，發生什麼無法無天的事情，也會假裝沒看見，希望事情自行消失。

我可不會語帶保留。我熱情奔放，會咯咯笑，雀躍時就吱吱尖叫，盛怒時鼻孔撐大，咆哮如雷，情緒都寫在臉上，旁人很難沒發現。但我想實驗看看。我想變得更內斂、更中性，採取看似對人生更加客觀的立場，享受箇中益處，這樣似乎是假設中的最佳狀態。變得更像英國人，更不像小蜜，似乎是個扔一「科」石打下兩隻鳥的機會：一種利用科學變得合群的途徑，替蔓生蔓長的記憶庫修剪掉雜亂捲鬚。我想變得更像Siri或Alexa：知書達禮，一點情緒包袱皆無。而且大家真的會聽Siri或Alexa說話。

所以我開始實驗。我重新設計神經回饋迴路，封鎖讓我有「情緒化怪咖」封號的那些衝動，採取完全中性、相當英國人的觀點，平心靜氣，冷靜沉著，並不僅是關掉我的心理電腦，還得回復至原廠設定：斷開所有在腦中糾結纏繞的關聯，通常會減弱我奢求的清晰思緒與明確連結。我心目中的自己可以從源自ADHD、由情緒驅動的暴風雨轉變為邏輯思考、慎重行事的徐徐微風，再不會三天兩頭忘記帶鑰匙，再不會因太情緒化讓自己的見解給人大打折扣；我能忽略那些堆砌鋪疊但毫無益處的過往記憶，僅依據當下即時的新輸入做出合乎邏輯的判斷；我會消弭偏見，重設神經權重，完全從零開始。在我自個兒的腦袋中放了假。

　　但我努力提升記憶力的同時，卻忘記更形重要的事物。在這段實驗過程中，有個男孩和我第一次約會，問我熱愛什麼。然後我發覺根本沒有那個什麼可講。我很有意識地，努力敉平偏見，抹除偏好，甩脫糟糕的弱點，結果再也不知道自己在乎什麼了，感覺靈魂已成一具化石，與其說我忘掉幾件事，不如說整個人迷失在心靈迷霧之中。我內心登時瓦解，悲從中來。接著恐懼襲來。我對自己幹了什麼好事？諷刺得很，至此階段，我甚至不記得**為什麼**當初要起頭，因為我忘記寫在白板上了（很好，好棒棒，小蜜，又一次，強迫症得滿分）。

　　與許許多多實驗結果一樣，這次勢必算是大敗筆。這次大筆一揮，想抹掉原生偏見與真實自我，真是險象環生，不過，失敗的實驗也常會帶來重要的啟示。第一，我們只有一道靈魂、一種個性，徹徹底底屬於自己，絕不該視為羞恥或悔恨的來源。我們必須滋養體內那個人，不該否認或拒絕接受。但同時，我們也不是那人的人質。我已學到要愛自己，不再羞愧地愛那個有ASD、ADHD、GAD的人：完完整整的小蜜。在互相槓上的我與我之間取得平衡，在對的地方發揮那個我的長處，向來是我畢生的功課，本身就是全職工作，是科學，是藝術。

　　可是這樣，並不代表我不覺得她的很多行為惹人厭。那健忘。那恐懼。那洶湧噴薄的情緒以及與情緒的交鋒。你可以深愛一個人，但也可以同時痛恨那人之所以為那個人。但更好的做法是，你可以削弱那些問題行為。我忘東忘西，是因為注意力一直被東拉西扯，侵蝕掉即時的回想。我怕菸味，怕噪音，

是因為在**我的**神經網路中，經過以害怕回應的二十六年，給予連結的權重無可逆轉。所以我的心理電腦吐出了個反應，要懼怕，然後逃走。這些反應的調整是藉由記憶——經年累月的積累，前後不一致，代表這些反應是也可透過記憶訓練以及回饋迴路來解決的問題。

我沒有施施魔法就袪除健忘、驅走恐懼的本事，但我可以找到更好的解決方式，準備應付勢必是場硬仗的情況，重新接合神經連結，與既有的權重抗衡。這過程嘔心瀝血，但碩果纍纍，十分啟迪心智：身為人的寶貴特權，就是能微調自己的心理電腦。

部分調整措施相當實際。儘管我的房間看似毫無秩序可言，其實充滿引領我度過整天的提示——從居家服及牙刷擺在床鋪右側開始，提醒我早上一起床，就先到浴室刷牙。其他提示會讓你覺得只有一個怪字。我為了提醒自己吃藥，得搞成盛大場面：大喊「海格！」[1]，然後跳起舞來。這些慣常舉動可能聽起來有病，但至少好記——增加權重，讓我更可能記得重要但太容易忘記的事。況且還有一長串的便利貼強力支援，提醒我撿襪子、打電話給媽媽（兩次）、別把口袋裡有五英鎊的牛仔褲拿去洗。

記得要記住事情，這問題大部分癥結在於如何找到正確機制提醒自己。要忘記害怕，則更加複雜，但也牽涉到回饋迴路

1　譯註：海格（Hagrid）這個角色出自英國作家J.K.羅琳（J. K. Rowling）奇幻小說作品《哈利波特》（*Harry Potter*），是一位半混血巨人。

與倒傳遞法。我知道菸味或臭味不會真的讓我受傷，因此可以利用經證實的結果，與告訴我該害怕的加權連結加以抗衡。我可以利用輸出的追蹤紀錄給自己信心，藉此更新輸入，調整對特定情況的反應。如此，負面感受並不會神奇地轉變為正面，但可以減低感受強度，稍微調整該連結的刻度，讓我通常能從恐慌發作的斷崖邊退回安全地帶。

　　你自己的記憶與回饋迴路中或許有奇特之處：過往經歷占據的空間比應有的還大（例如悽慘的分手經驗），或是會過度解讀的正面肯定（只是因為你挺過來，不代表那最後一杯酒下肚是好事）。重要的是，我們要有意識地掌控這個過程，否則會悄悄低鳴而過；我們本來可以藉此完全掌控人生思辨與做出決策，若不留意，掌控權也會遭到橫奪。如果你上一段關係跌跌撞撞，這次就費盡心思維持，你必須記得那段關係並未定義你自己；回饋迴路中的權重可能太高，抑制了你依據實際本質判斷新關係的能力。無論是出於不確定還是過度自信，我們都必須思索**為什麼**自己會有如此感受，從填滿記憶庫與調節回饋迴路的經驗中，找出情緒的根源。一旦找出來，就更容易將好的壞的記憶置於適當情境，並依此調整權重：從錯誤中學習，克服煩擾，以人類盡可能秉持的客觀心態迎向未來。

　　若想改變對事物的感受，或改變看待人生中特定情境的方式，回饋迴路正是個起點。我們必須領悟到，這輩子的記憶與經驗調節了本能反應，創造出加權連結，供大腦計算。我們這輩子重視與深有所感的事物，並不是天外飛來，而是深植於活躍的記憶之中，而唯一的改變方式就是藉由回饋迴路，逐漸

調整。

　　回饋迴路有正負兩種，在訓練系統中均扮演要角。正回饋迴路具激勵作用，會在整體計算中給予某一事項更大權重，使其更為突出，若想鼓勵一系統（就是我們自己）做事更大膽、更積極，即可運用正回饋迴路。負回饋迴路的設計效果則相反，會約束或限制特定因子。兩者各有利弊。正回饋迴路固然激發人心，卻可能讓這種靈感與活著的愉悅感急遽失控，尤其是藥物與酒精的作用，你會不由自主地渴望再次體驗記憶中那種欣快感。另一方面，負回饋迴路雖能穩定人心，也可能讓你鑽入地洞，重回自省與徒勞交錯的老路：我的憂鬱一直都是因為糟糕的記憶與經驗壓抑了正面能量，嚴重到覺得自己根本白費工夫，每次都好幾天行屍走肉。這是負回饋迴路的終極體現：每一段絕妙的記憶，每一種絕佳的感受，都會遭到一團陰影大力遮掩。

　　若打算創造正回饋迴路，體驗低劑量的恐懼，便可以建立信心，一點一滴降低那些告訴我們要畏縮退卻的權重。而且，我們雖然害怕那些事，但真的可以做。有次我甚至逼自己和朋友去音樂節（據說是「世界上最美好的事」），但音樂節基本上就是亞斯人的魔多[2]：過多的噪音，無盡的混亂，詭異的氣味，捉摸不定的群眾。就是在這方土地，我打破個人紀錄，十三小時內五次全面的恐慌發作，就別提我還不小心困在前排，

2　譯註：在英國作家托爾金（J.R.R. Tolkien, 1892-1973）的奇幻小說中，魔多（Mordor）為中土世界黑暗魔君索倫（Sauron）的領地。

成了衝撞區內的沙丁魚，驚恐昏厥後，經人群衝浪划過人海上方，一路抵達醫療帳篷，工作人員打給我爸媽，再有賴老爸出手救援——他大笑說露營從來就不是彭家人的菜。

這次經驗已讓我釋懷，知道自己原來有能力實驗新法，測試界線，也提醒自己，嘗試不熟悉（甚至不愉悅）的事物不一定下場悽慘。你不會再看到我出現在勇闖浪灘（Beach Break）音樂節，大概也不會再看到我睡在帳篷內，但我不後悔那麼一秒，踏上了經省略刪節的冒險。我縱情狂歡，儘管短暫，但我願意像這次一樣再嘗嘗鮮。

其他時候我們打造負回饋迴路，阻止自己做某些事，可能更著重在特定行為的不良結果，提醒大腦，做某事的理由以及勢必造成的結果之間並不對稱；可能是宿醉，可能是血糖引起頭痛，或是在健身房逼自己到極限，結果這邊疼那裡痛。無論我們是否注意到，這些正負回饋迴路一直在腦中乒乓作響。我的經驗是，愈意識到正負回饋迴路的存在，就會愈努力重新設計（提醒自己好與不好的輸出、與期望相反的），然後就愈能掌控我的心理狀態。同樣值得謹記在心的是，只要是運作良好的系統，無論人類或演算法，皆仰賴正負回饋迴路達成平衡。我們需要足夠的正回饋，以利體驗學習新事物，也需要足夠的負回饋，以免做出可笑的決策，陷入危機之中。若想維持某種形式的平衡，也不能過量餵進正負回饋迴路；正如神經網路控制的自動駕駛汽車，不該過於積極解讀資訊，亦不該過度謹慎，否則稱不上安全駕駛。不過，沒有正負回饋，我們也會力所不及；兩者都必須部署、調整，以利因應將來遇到的各種

情況。

　　我親身實驗後領悟到，一輩子累積的記憶與心理預設條件，就是不可能說放棄就放棄。無論喜歡與否，這些造就了我們之所以為人，讓我們感受，賦予我們賴以為生的身分或個性。有時候偏見可能感覺猶如宿敵，但事實上偏見就是我們──表現出最純粹的自己。不過，接納偏見的存在，並不等於向偏見俯首稱臣。我們仍可以掌控偏見，只要察覺偏見，將實際經驗注入回饋迴路，為其調整關鍵權重，逐步改善即可。我們必須將潛意識的偏見帶入意識層中，才知道自己面對的是什麼；這過程宛如翻閱舊時照片，可能大驚失色，可能令人噴飯。

　　拿我的記憶做實驗，得到的教訓是，若想一筆勾銷──還得重新學習如何拿取我最愛的馬克杯──可不是正道。縱使我們可以從神經網路取得借鏡，但人類畢竟不是電腦，就算清理掉積攢的記憶，運作也不一定更有效。在總記憶體格式化的位置，我已設定好持續執行心理升級程序。每一兩年，我會逐一檢視心靈中最為重要的記憶層，擱置曾經有功但現可退役的記憶，編結那些帶來靈感、專注、幸福的片段，藉此，對於逝去的會感到較少遺憾，面對眼前的挑戰，心思也會更加敏銳。在任一時間點上，記憶代表的是人生的繡帷織錦；這片繡帷織錦該彰顯何種特色，我們不該忘卻自己有權決定。

　　我們無法掌控人生中每一件事，但可以調整記憶儲存與運用這些經驗的方式。若有那麼一件事是我們全權掌控，就代表

我們給予了權重，由我們決定記憶的方式及記憶的原因。人生中哪些事物賦予你力量，喚出真實的你、真實的能耐？反之，哪些低點可以當作未來行為及決策的減速丘，提醒我們之後可能會對什麼後悔。我們有機會選擇並排列優先順序：好的與壞的，按照邏輯與富含情緒，自己的感受與他人的感受。這些元素都在回饋迴路中持續嘶嘶運作：正如食譜，重要的是食材比例，我們決定真正該著重哪些記憶，又該如何處理與儲存。從錯誤中學習聽起來可能過度簡化又陳腔濫調，實際上卻是調節心靈與記憶運作的重要一環，有助於轉為對我們有利的情況，造就健康平衡的回饋迴路，更能因應未來挑戰──而且不怕逐步微調。

　　回饋迴路憑藉本能即可運作，但實際掌控該迴路後能更有力量：促使我們琢磨其運作方式以及可調整的細項。專注力與注意力對於形塑記憶的工作功不可沒。由於我老爸的千層麵是我在這世界上最愛的餐點，小時候的我必定端坐千層麵前，汲取香氣，眼睛十秒不眨，點滴輸進記憶庫中，將來需要感受家裡溫暖的時候，即可隨時存取回味。像這樣小小一個步驟，就可能訓練記憶，將實用片段排在不實用的片段之前，善加利用記憶的能耐，獲得力量、信心、撫慰。

　　記憶會是充滿焦慮、羞愧與遺憾之處所，若置之不理，無意識任憑其茁壯、演化，往往催生了對於經驗與過往決策的負面感受，數秒內、數月間，甚至是數年後，還要再承受一次。記憶是由再也回不去的歷史、懊悔、人、地方交錯而成，面對這座迷宮，我們的挑戰是不要困滯其中。真要老實說，大多數

人比較可能會活在負回饋迴路中，選擇性積累負面經驗與記憶，信心只會片片凋落，對未來判斷的軌跡產生影響。

　　但若沒有了記憶，我們也無法存活。我發現這東西就是人類原有的骨肉，就是無法割捨，一如故障零件就是引擎的一部分。記憶若像電腦記憶體一般格式化，就得刪除太多絕對無可替代的東西，所以最好的方式是逐步微調，慢慢改善，讓內心這種有時危險的強大來源，也能淋漓發揮力量。

第十一章

如何以禮相待

賽局理論、複雜系統與社交禮儀

「喂，小蜜，妳媽在嗎？」

「在。」我答道，然後掛上電話。工作完畢。

「小蜜，是誰打電話來嗎？」

「沒事的，我接了。」

「略懂略懂」向來是一首我人生中反覆播放的主題曲。這世界，神經典型的人話講一半，舉動模稜兩可，意涵不可譯，你身為亞斯人，宛若走在地雷區。或是你不小心布了地雷在他們的玉米田。無論何種，如果你剛好害怕尷尬，略懂就有害無益。

但對我來說，從來不是問題。我開懷輕快航行，用一模模一樣樣的方式對待每個人（真的是**每個人**）。我看到什麼就看到什麼，大無畏地告訴別人所思所想，路上遇到有人冒失無禮就吼回去，年齡、資歷、聲望，都不在我的辭典裡。但有得必有失。我無憂無慮、不顧情境的生活方式卻無法引導我同理別人、同理個別需求。為了製造同理心，我採取第八章所述的貝氏定理做法，不過如此一來，我又喪失了曾經能防禦尷尬侵襲

的鎧甲，又重新在意起旁人的批判，對社交禮儀的要求相當敏感。接著，我開始明瞭真實的地雷區究竟有多廣大。且容我舉幾個例子。

想當然耳，第一個例子是約會。現在我要打開天窗說亮話了。要拯救自己，可不能靠著與人調情。不過，出乎意料，也出乎應用程式的意料，我真的去約會了。某位約會對象的姓氏剛好是某種豬肉產品。我們共享午餐時，他似乎很緊張，我想讓他自在點，所以點了薩拉米香腸（salami），結果，他吃素，還以為我在譏諷他。

某次，家中來訪的客人說想喝比茶「還烈一點」的飲料，我就倒了咖啡給他。某天，我認定火車站一名男子在套頭毛衣底下藏了炸彈，就通報警方，結果男子把毛衣往上拉，露出的致命武器是毛茸茸的啤酒肚。那次，我媽某個拄著手杖的朋友，身子前傾想抱抱我，結果我激烈往後彈，只見他直直撲倒在地，我只專心倉皇逃逸。後來，我打算跟著聖誕音樂跳舞娛樂大家，將功贖罪，結果手部動作過於熱烈，戳到叔叔的眼睛。

遑論和我的好朋友共進晚餐的時候。她像我另一個親姊妹，和我一起修行瑜伽，很愛吃水果，我想找到完美禮物，來表達我的愛與我們之間的羈絆。那時我準時赴約，懷中揣了顆大到不能再大的西瓜（阿育吠陀飲食法則的重要食物）。此時困惑粉墨登場，坦白接著進場；她其實不愛西瓜。

我愈意識到其他人對我的看法，也愈能察覺到一般人預期的行為有多複雜，真可說是無止境衍生，而且還因地、因人、

因群體而異。一則笑話令人捧腹，搬到別的情境下，卻可能令人難堪，為什麼？你在餐桌旁這樣吃東西沒問題，在朋友家或餐廳裡卻不能這樣，為什麼？職場上反駁老闆的正確時機為何？規則是什麼，誰決定的，哪裡可以取得說明手冊？

　　我的背景糅合了中國廣東客家與英國威爾斯文化，我也深諳若觀察得不細心，社交禮儀會是多麼艱難的挑戰。如果你碰巧看到彭氏家族星期天「食飯」[1]的陣勢，你可能會張口結舌──我們捧著的碗好靠近臉，大器地扒飯夾肉進嘴巴，還有從碗底咕嘟咕嘟喝進那堪稱人間美味的湯，手肘盡量擺在桌上沒關係，骨頭就隨意吐進旁邊的小碟子，最後打個長長的飽嗝作結，表示這頓飯吃得很滿意。不過，要是膽敢一手拿一支筷子，以為可以學西餐那樣一手叉子一手刀子，這麼失禮小心被巴頭。試著理解一下吧。

　　經一次次驗證後，我很確定不是只有我這麼迷惘，顯然每個人都會對特定情境感到緊張，尤其是不熟悉的情境。大家都有過這種經驗：話一出口就立刻後悔，然後懸在心頭好幾週。這些是會在心頭閃過的鮮明片段，甚至成了夢魘：房間裡唯一一個沒穿衣服的人；無心的笑話冒犯了別人。當眾出糗堪稱人類最大的恐懼，我以前懵懵懂懂，現在領教到了。

　　無論是神經典型的人還是神經多樣的人，顯然都會說錯話，做錯事，但兩種人出錯的方式大概稍稍不同。像我這樣，通常是因為不諳社會常規，沒得考量階級制度與社會習俗的隱

1　譯註：「食飯」為廣東話，即吃飯。

形參數。若為神經典型人，問題可能相反：以為對某情況夠了解，可以「搞定」，或者放得太鬆，講了個爛笑話，給了爛建議，結果做過頭了。

不過，無論問題是知道太多還是太少，解決社交焦慮與誤踩地雷的方式並無二致。我們需要更好的工具蒐集人類行為方式的證據，再來探索不同行為的可能結果，處理這些證據——可能是穿著打扮，說話內容，甚至是打招呼的方式。不妨將這一章當作快速指南，撰稿人的字字血淚，讓你不用再體驗社交禮儀版的深閨制度[2]。如果你曾擔心怎麼應付工作面試，與新伴侶的朋友見面，約會前該注意什麼，就請繼續閱讀吧。

若規則（大部分）不成文，又沒人可認定由誰設立規則，那麼可以如何避免嚴重違反社交禮儀的噩夢實現？我既如此熱愛規則手冊，就單方面決定了，唯一可行的方式是自己來寫一本。如果沒人會告訴我禮儀規範，我就得自行梳理一番。

在這段梳理過程中，我挖掘電腦建立模型的技術、賽局理論以及自己本科的生物資訊學，結果領悟到，用規則手冊來理解社交禮儀，方向應該錯了。原因是，規則是一回事，也真切存在，但不是唯一的變項，也該參考不相關聯的情況，加以調整、解讀、應用。個體行為與集體習慣同等重要，兩股勢力互利共生，絕對無法百分百準確預測。我們需要建立模型的技

2　譯註：深閨制度（purdah）為傳統伊斯蘭教社會裡女性應遵守的禮節，意指女性的面容與身形不得在公共場合讓男人看見，應穿面紗（niqab）或罩袍（burqua）等或多或少裹住身體。

術，蒐集在地居民行為如何發源自特定國家、社群或文化的禮儀，又產生何種變化；我們必須事先了解，來裝備自己，在不因此受到局限的狀態下恣意探索，又不會僭越底線。如同我之後論道，摸索無窮無盡的禮儀準則時，唯一的安全做法是謹記任何事情都可能發生，別做假設，務必認真觀察。

代理人基模型

透過理論深究社交禮儀，與在真實世界摸索一樣困難重重。由於社交禮儀有賴情境，也有賴不同的解讀，排隊、拿刀叉或吃完飯分開付帳的方法並未有普世皆準的規則。你在接近所謂的正解之前，還得考量當地常規與個人偏好，這兩者還可能互相牴觸。

換句話說，社交禮儀是由集體決定，但由個體（選擇如何）解讀。大眾一起登入的國家或文化常規，接著透過個人、家庭或工作環境的稜鏡折射，要有機會看得透澈，我們必須從共同與個別這兩層面著手調整，應該要有一套系統，為理論上的禮儀與個人實際（但不一致）應用的禮儀建立模型。

此時輪到代理人基模型（agent-based modelling）大展身手了。代理人基模型是為複雜系統建立模型的方式，衡量「代理人」如何透過與整體系統及周圍的代理人互動，代理人可以是一系統中的人、動物或其他獨立的行動者（actor）。若欲釐清人在特定環境可能的行為，例如交通與行人的關聯，足球賽場旁球迷玩波浪舞的方向，顧客逛商場的動線，代理人基模型就

是你的好夥伴，得以大力協助你探究行動者實際行為與預期行為（即系統規則）之間的關聯。最終，等到固有規則與代理人的自主性彼此互動，達成平衡，該系統便應運而生。

上述原因促使代理人基模型成為深究社交禮儀的絕佳工具，其反映的是，我們皆為擁有自主性的個體，言談舉止也易受到各種限制（又名社交禮儀）影響。我們並非完全獨立於系統之外，也並非完全受到系統擺布；正如該模型顯示，代理人會回應其他代理人的行為，也同樣會回應整體環境的行為，從分析觀點來看，這代表光是知道與人交談、吃飯、讚美等禮儀規則並不夠，也該細察大家實際與規則、與他人的互動方式，因為兩者是交互作用。我們很少是從書本上學習人類行為（除非你是我，或除非你正在讀這本書），更常是透過模仿別人──尤其是親近的人。嬰兒時期的我們從牙牙學語開始，觀察、聆聽，直到自己能說出詞句。我們從他人身上，學習（自己覺得）「正確」的生活大小事，但別人心中也自有一套摺衣服、伸援手、煮醬汁的「正確」方式，他們看你做起來，也可能大驚小怪。

這種個體與集體的平衡，在地與全球的平衡，是人類行為的基礎。我們大概覺得自己並未遵守規則，但有意無意間，每個人都遵循某種社會常規，無論此種常規是舉世皆然，還是因地而異。就連無政府主義者也有制式配備。不過，科學家也挺氣餒的是，人類行為不能光靠界定規則來建立模型，也該調查「代理人」（人類）**如何**回應規則，同時對照剖析其他代理人行為如何影響規則。

　　我利用代理人基模型於社會及職場上下求索，在這些教我毫無頭緒的環境中，嘗試以三項分類切入檢視：（一）公認的規則，這些一定有辦法事先研究；（二）應用於特定情況的規則，依據不同代理人互動的方式；（三）個別代理人的特性以及隱含的偏好。代理人基模型協助我體認到，我得等到真正開始體察某一情境下的禮儀，才能真正明瞭；閱讀再多德國餐桌禮儀，聽聞再多哥倫比亞商業文化，也沒辦法應對將來情境的現實。科學帶來的啟示是，若未在所知理論與實際嘗試之間架起橋梁，並不會抵達任何目的地。

　　你大可裝備特定知識後進入不熟悉的環境，但若你尚未開始蒐集與代理人有關的實際證據──包括代理人之間以及與系統的互動方式──就事先安裝了太多假設，如此可是危險至極。我必須從個體與集體兩方面觀察代理人的動作，懷抱信心探索當地禮儀，不管是特定的工作場所、家中還是城鎮中心，都得全盤了解。

　　舉例來說，階級制度堪稱我工作上最大的障礙，我老是抓不準對誰該講什麼、不該講什麼（才沒開玩笑，我真的一視同仁）。大學時，我「被迫」辭去資訊科技支援部門的兼職工作，起因是我替顧客解決問題，才剛測試完某種解決方法，知道這樣沒效，經理過來，又嘗試我剛剛想出的方法，我就在眾目睽睽之下指出經理的不是。經理提出申訴後，真正的大老闆召見我，雖然同情我的狀況，但也告訴我要對別人多一點尊敬。「是沒錯，但你要先讓我覺得你值得尊敬」是我的反駁：確實是我不折不扣的感受，但我隨後發現，這並不是保住飯碗

的特效藥。

　　如今我運用某種形式的代理人基模型，了解職場階級制度的「規則」實際運作的方式（說規則會引起爭議，畢竟許多公司表示內部並不是真的有那麼一套規則，但確實又有），我會觀察既有的代理人互動方式，擷取資料，找出提示，進而梳理出表達意見與執行優先順序的辦法。在某些環境下，大家可能就像直言不諱的我，直抒胸臆，暢所欲言，不把情境或在場人士放眼裡。但在某些環境下，若你希望別人聽進你的話，更明智的方式是，讓他們覺得這番話是他們本身就會說的。這類系統皆各有節奏與習俗，禮儀內容是由代理人的偏好與互動共同決定，若你想找到應對方式，必須先深入鑽研，再審慎釐清。這套辦法稱為**代理人**基模型，其來有自：要在一區域中運作得當（大抵是我們的日常生活），便須遵循當地禮儀。代理人是在影響範圍內作用力最大的主體，為理解當地禮儀，你必須側重於代理人，常聞道：你說什麼並沒有那麼重要，你目標對象解讀成什麼訊息才重要。這世界上並沒有金科玉律，唯有無可預測的個體性。

　　我使用代理人基模型時，發揮了本身就有的一項優勢：無法對人生中遇到的人事物先妄下假設。這可能會帶來危險，畢竟意味著，假使夜間有人擋住我的去路，我不會立刻認為對方可能會傷害我，反而會先等對方開口，再由其口吻判斷意圖。理論上我知道這並不是安全做法，因此會努力避免讓自己陷入這種局面，夜裡盡量攜伴而行。

　　只要採取這類預防措施，不帶假設的做法將可使你大大受

惠，否則，你很快就會落入確認偏誤（confirmation bias）的魔掌，局部篩選出符合成見的證據。這麼說好了，如果你一開始認定誰是笨蛋，之後就會一直找出他是笨蛋的理由。

若能抱持愈少假設（然後安全地）踏入新環境，就愈能自在偵測禮儀準則，進而調整自身行為。無論是上班地點、交誼場合還是伴侶的朋友聚會，不妨先排除自己預期代理人會有的行動，而著重於其實際行為上，將其視為個體逐一檢視，追蹤其與周圍環境的互動方式。一系統的實際禮儀，得從個體需求、在地連結與全球常規之中認真挖掘。

賽局理論

代理人基模型固然能彰顯特定情境下的社交禮儀，卻無法透露人類行為舉止的原因或意向，也不能回答最迫切的問題：對方將如何回應我們的話語，或下一步會做什麼？我們需要描繪出一系統中各代理人的互動方式，也要指出代理人的動機與決策原因——這正是賽局理論（game theory）的內涵。

率先提出賽局理論的是約翰‧馮‧諾伊曼[3]與約翰‧納許[4]，

3　譯註：約翰‧馮‧諾伊曼（John von Neumann, 1903-1957）為匈牙利裔美國籍，在遍歷理論、拓樸學等數學理論以及量子力學、電腦科學、經濟學方面均有重大貢獻。其賽局理論之力作是與奧斯卡‧摩根斯坦（Oskar Morgenstern）一九四四年合著出版的《賽局理論與經濟行為》（*Theory of Games and Economic Behavior*）。

4　譯註：美國數學家約翰‧納許（John Nash, 1928-2015）主要研究賽局

兩位數學家也奠定了現代人工智慧研究的基礎。賽局理論與代
理人基模型相仿，都會觀察不同玩家在具備特定規則的系統中
如何互動，但賽局理論更進一步檢視了各種決策的結果：賽局
中一或多名玩家的決策如何影響其他玩家？該理論放眼全局，
假設一名玩家不會只考量自己的決策與決策結果，也會考量其
他玩家的決策與決策結果，預測其他玩家可能知道哪些事、做
出哪些回應。

　　賽局理論的許多構想及應用皆來自「納許均衡」（Nash
equilibrium）的概念，意指在任何有限賽局中，有個均衡點是
全部玩家都可以做出符合其最佳利益的決策，而且其他玩家攤
出戰術之後，大家也不會改變該決策方向；換句話說，等到個
體利益與集體利益趨近，且不會造就更進一步最佳化的結果，
此時便達成均衡。適切的妥協。人人滿意的解決方案：音樂播
放清單、度假去處、野餐食物，種種。

　　納許均衡及其他分支廣泛應用於許多領域，均是用來了解
同伴或對手如何切入特定問題，以及如何形塑那些欲影響特定
玩家的政策或決策。我朝朝暮暮尋尋覓覓的，就是這種與人趨
近的感覺──雖然我就算找不到的時候也很著迷，老是埋首琢
磨為什麼這樣那樣是與人趨近。此外，無論何時特定群體改

理論、微分幾何學等，其於一九五〇年發表的博士論文《非合作賽局》
（*Non-cooperative Games*）提出「納許均衡」的概念，堪稱該理論的重大突
破。該篇博士論文的指導教授阿爾伯特・塔克（Albert Tucker）於一九五
一年釐清前人概念，並為賽局理論中的經典例子「囚犯困境」（prisoners'
dilemma）正式命名。

變，管他是會員身分改變還是同樣一群人的偏好改變，納許均衡狀態的性質也會隨之演變。

社交禮儀有如燙手煤炭，納許均衡如何協助我們輕捧前行？這個嘛，納許均衡鼓勵我們破除對特定事件的感知，把自己當成其他玩家，設身處地。賽局理論終究講述的是相互依賴，所得結果一部分仰賴其他人的選擇，因此我們不能只是活在自己的世界，也不能光靠自己的判斷做出決策，必須推敲別人對自己提出的問題、開場的評論或建議會有何回應。我們待會要說要做的，是否可能冒犯他們或造成不滿？依據對其他玩家的了解、互動情境以及我們的執行能力，下一步行動有多可能達成預期結果？此情況下哪種策略堪稱有效的納許均衡，讓各方皆不需要改變決策方向，便可獲得想要的結果？

若代理人基模型能助你發掘任一系統中隱含的禮儀，賽局理論則能為我們的後續決策建立模型，不僅符合自己的理想結果，也能配合他人同時做出的決策或回應的決策，而找到出路。該理論彰顯了我們不僅是系統中唯一的代理人，還是要與人應對的玩家，一方面依據對該賽局的洞察，一方面依據對該賽局的無知，細細斟酌，制定決策。我們僅能為自己、為其他玩家描繪決策圖，尋找出路，可選擇納許均衡而互相受益，抑可選擇朝向非合作賽局，追求個人進展。

我愈來愈仰賴賽局理論釐清特定行為存在的**原因**，解決我無法偵測他人動機的問題（尤其他人動機又很少顯現出來），我可能得過幾個小時、好幾天，和朋友或家人討論後，才領悟到誰對我說了什麼刻薄的話。

　　我本能上對於不熟悉的情況「感受」能力超差，因此得在腦中檢視每一段對話及每一則評論，這通常是我的救命符，能用來緩和我脫口而出的絕妙評論或實用觀察（否則原本可能會讓我獲得從小熟悉的白眼）。但有時候演算法失常，對焰紅髮色的Uber司機說了個自以為友善的生薑笑話（經精密計算，認定為平易近人），結果馬上觸怒對方；其實平常的話我會想說戴個耳機就好，但當時經證實與優良評價並不相容，我就改而努力表達友善，竟落得如此下場。另一次不幸的慘況是，我想為一個似乎委靡不振的同事打打氣，便事先搜尋鼓勵的話，最後選出「今天好順，連頭髮都好順，我有看到喔！」⁵結果大大漏氣。我忽略了他那亮晃晃的光頭。

　　對我來說，應用賽局理論，目的比較不算是制勝，算是為了生存，安然度過沒有教戰守則的人生，我並不想打敗其他玩家，只想度過賽局，然後不要打飛太多玩家就好（不要像聖誕節派對上我媽那個可憐的朋友）。

　　這個賽局理論的益處相當違反直覺。縱使該理論表面上為理性決策的攻略，卻也提醒我們注意其局限。若將人生中每件事都放在賽局理論的透鏡中觀察，我們最後就會落入類似湯瑪士・霍布斯在《利維坦》勾勒的反烏托邦之中，因為沒有一個政治體能將人類的命運連結起來；又如他傳世的經典文句所述，由於沒有這種政治體，人生將變得「孤獨、貧困、汙穢、野蠻又短暫」（solitary, poore, nasty, brutish and short），

5　譯註：英文為「have a good hair day」。

他深信這種「自然狀態」僅能透過人造的集權狀態來反制。對賽局理論上癮的我們，可能會變成純粹的經濟人（*Homo economicus*）：玩家完全只顧自身利益，追求權力與自我發展等永不會滿足的欲望，唯一動機是霍布斯所歸類的「快樂」（felicity）。題外話，這個快樂跟我當初聯想到的那位《王牌大賤諜》的快樂小姐[6]沒任何關係。

　　賽局理論很容易化成一種機制，符合霍布斯對於人類負面的評論：人類為一種生物，除了必須防止自己受傷或遭到傷害，同時也得爭先恐後爬到彼此頭上，企圖「贏得」賽局，一切努力卻是徒勞。不過，這也點醒了我們可能變成互惠人（*Homo reciprocans*）的事實，會與別人合作，追求互利。納許均衡顯示了賽局理論最終的教訓正是相互依賴：我們都在同一賽局，投入同一遊戲，通常有賴其他玩家的協助，才能達成預期的結果。賽局理論可能堪稱自私的許可證，但也是我所知最能展現我們為同一物種的架構，大家都生活在同一星球上，彼此固然有差異，基本上卻擁有共同的需求與志願。

　　我們學習社交禮儀，不只是為了避免互動時尷尬，也凸顯了彼此的連結、文化上的羈絆，用以結交朋友、互惠互利。小小的動作帶來重大改變：即便不是分內之事，還是撿拾街上的

6　譯註：《王牌大賤諜》（*Austin Powers*）為一九九七至二〇〇二年間推出的間諜動作喜劇三部曲，主要諧擬〇〇七系列電影及經典電視節目，劇中主角奧斯汀·保威（Austin Powers）及反派邪惡博士（Dr. Evil）皆由麥克·邁爾斯（Mike Myers）飾演。「快樂小姐」英文為Felicity Shagwell，是二部曲的女主角，此譯名由本書譯者提出，臺灣發行商譯為「菲嗜愛高」。

紙屑；雖然不是照顧者，還是讓路給坐輪椅的人。這些舉動縱使微不足道，不會立即捎來利益，卻恰好體現了我們身為社會性物種的本質；我們可不是個人主義。

　　賽局理論不一定得涉及競爭，卻是挖掘人類共通點的重要技巧，正是這些共通點決定了我們身為人類而共有的關係。畢竟，若霍布斯的邏輯站得住腳，那麼除了合作需求，還有什麼原因能使人類彼此連結？這點聽起來可能煽情，另一方面卻也如癌症一針見血，足具效率。合力工作不僅攸關打一場好局，也攸關採取最有效率的途徑達成目標。這就是社交禮儀真正重要的緣故。

同源

　　若說代理人基模型可用來深入當地情境，賽局理論意指參照他人做法以擬定自己的決策，社交禮儀矮凳的第三隻腳，則該是同源（Homology）的概念：在迥異資料之間建立連結與相似處模型的科學。

　　研究其他代理人後，再應用賽局理論替決策實施壓力測試，儘管這樣能獲得大大進展，卻無法回答所有社交禮儀的問題。若是你喜歡的事呢？該怎樣融入特定的情境？我們如何能在某種界線範圍內好好做自己？例如，為什麼我在家可以把一杯茶放地板上（畢竟，這是任何東西都最不會倒的距離，等於最安全的位置），但在辦公室，就會引來別人蹙眉？或者，由於我有感覺處理障礙（sensory processing disorder），忘情於金

屬碰撞陶器的感覺，攪拌茶的次數一多起來，為什麼就超出一般人認為禮貌的次數？還有，為什麼我姊姊嗤笑我有芙烈達・卡蘿[7]的招牌一字眉就沒事，我卻不可以（我拍胸脯保證）潑她冷水，說她幹麼畫出超級瑪利歐[8]的眉毛？我們需要一套方法，以利舉止符合情境，對新情況的已知與無知之間也不再有鴻溝。

　　第二章介紹的蛋白質，正是利用同源概念為彼此的相似處建構模型，在此也可用來建立人與人之間的聯繫。同源是生物資訊學（我本業）的核心，若正在探索的資料集仍有缺漏，便需要從相關案例推斷而填補。任何資料必定會有部分遺失，但可運用同等情況下的資料，來取得該情況下所缺少的資料。舉例而言，若欲開發特定癌症的新藥，已先鎖定適合的蛋白質，現在則必須建立蛋白質結構，以利與治療藥物結合。蛋白質結構是治療的關鍵，但或許目前可用資訊並不齊全，此時便須檢視平行資訊，確認藥物與其他蛋白質結合的方式，整理出相似處，一步步找出解決方案——持續拓展已知重疊的範圍，建立連結，直到足以微調攻擊癌細胞的計畫。

7　譯註：墨西哥女畫家芙烈達・卡蘿（Frida Kahlo, 1907-1954）以自畫像聞名，主題為墨西哥文化、美洲印第安文化、後殖民、身分認同、性別、階級等問題。她因患有小兒麻痺，又深受車禍後遺症所苦，亦常描摹病痛、隔離等心理景況。色彩濃烈、構圖大膽的畫作以大量動物作為隱喻。

8　譯註：超級瑪利歐（Super Mario）為日本電玩商任天堂（Nintendo）開發的遊戲軟體系列，自一九八五年上市後仍不斷推出新作。瑪利歐為遊戲主角，弟弟為路易吉（Luigi），另有許多夥伴。

我們可以做的就是剖析手邊資訊，包括目前已知類似的蛋白質，以及將出現重疊區域的現有模型。同源正是運用確實已知的資訊，替未知資訊引導出合理假設，整理已知因子之間的趨近現象：找出可能造就最大變化的介入點。

我工作上一樣會運用同源概念，剖析我研究範圍內的細胞及蛋白質；我偏愛應用這種方法，整理一批批從身邊人蒐集而得的證據，從中挖掘關聯。新藥開發與探索人類所處新環境之間，具有共通的基本原則：證據必定不完整，而要能獲得正確結果，也有賴探詢已知、進而釐清未知的方法。

假設我和志明約會一段時間，他想介紹我給家人認識，代表我將進入新情境，但我已大致蒐集了特定證據，還沒真正與他的爸媽與手足會面，就已經整理好片段證據，判斷他們與志明的異同之處，藉此推論出特定資訊：幽默感、可能有興趣的話題、家人面前最好別說別做哪些事。待那天來到，我會開始與最親和的人攀談，找最有信心的主題切入：此即所有資料點的趨近區域，讓我踩在最安穩的起跑線。一旦實際進入該環境，便可開始研究環境中的代理人並建構模型，應用賽局理論，決定到底該說什麼、有何舉止，接著，再利用同源概念，梳理零散資料，提出對新人及新環境的假設，以利安全踏出重要第一步，前進未知領域；我通常不會和完全陌生的人攀談，原因正是我畢竟沒有任何證據可以分析切入。

在生物學領域，你的資料永遠不足。資料彷彿無底洞——蒐集愈多，待處理的問題就愈多。與人的應對進退也並無二致：資訊絕不會如你希望那般那麼漂亮，但必定足以讓你展開

行動。同源代表得接受已知範圍有其局限，並從確實掌握的證據中創造最多價值，另一方面，也充分凸顯了差異與個體性。雖然我當初摸索社交禮儀是想辨明社會規則，但隨著時間流逝，我愈來愈清楚，原來個別的解讀與細微差異才是最大重點。僅是因為兩個朋友眼睛都是藍色，也不代表兩人都愛紅蘿蔔；就算處於相同文化與社會框架中，仍因差異造就彼此存在。同源有助於闡明這些差異的內涵，彰顯集體習慣與個體特質，而無論集體習慣還是個體特質，均成就了現在的我們。

　　我在社交禮儀之大海漂流，歷經言行失當、評論有欠周全、頂撞權威人士，若說這段磕磕絆絆的旅途中學到些什麼，就是我們總有做錯事的時候。儘管懷抱世界上最親切的善意——以及最強大的模型建構技術——仍舊沒有萬無一失的配方，可保證每時每刻說話都適時適地，避免陷入某種困窘（倒也不一定該這樣啦——想想那些我們絕對不會說的事情）。

　　我的忠言是，面對新的社交環境、新的職場，不妨就忘記要表現完美這件事吧，反倒該著重於減少錯誤，然後數一數已達到的小成就（我的話，是在二十四小時內煩擾到最多兩個人）。

　　請運用本章所述的觀察、計算、找出連結這三種技巧，進入新情境的時候用心摸索，建立一套模式，唯在有一定程度信心的時候踏出腳步，別執著於自己犯的錯（說得容易做來難，我知道），專心體悟已習得的教訓。這世界上必定有你不知道的事物；學得愈多，就必須探索得愈辛勤。禮儀賽局沒有終

點：你永遠都看不到落幕。不過，這種賽局不是為了爭個你死我活，事實上，比較像是你要為了別人的需求以及共同利益，延遲滿足你的立即需求。

　　最重要的是，務必謹記，重點不一定是你實際上說了什麼或做了什麼，而是你留給別人的印象，以及你希望自己在別人記憶中有何種形象。儘管你還是搞砸了，努力嘗試這事本身就值得一試，儘管大家不甚滿意，還是會接收到你的誠意。最好攜著對方不愛的西瓜現身，也不要兩手空空。

後記

　　我在深耕這本書時，回顧了所有帶我抵達此境地的經驗，使勁找出究竟是何時，一切產生變化。我知道有個時機點，大概十七歲，我開始第一次感受到身為人。這種感受不是一直有，而且往往僅掠過區區一秒。不過，對一個老是感覺像邊緣人的人來說，卻是天翻地覆的轉變。霎時間，色彩似乎更加繽紛，腦中陰霾散去，周遭的混沌塵世短暫清出條理，所有我試過的實驗、所有我為自己設計的準演算法──剎那間，全都發揮效用。碎片開始兜攏。我與人同相了。

　　不過，我一回想，卻記不得這些片段最初發生在什麼時候；我也不確定究竟因什麼觸發；彷彿春季花草燦盛，我身為人的感覺在此之後才看得見、享受得到。我知道我感受到了，只是沒發覺我已抵達那境地，沒發覺以何種速度抵達。

　　我還不在那「境地」，而且很可能永遠不會在。一部分的我會永遠留在自己的小島，而且我很滿意（若你坐擁一座島，又何必賣掉，對吧？）。不過，我領悟到，改變自己並非天方夜譚：並不是要否認或抹除真正的自我，而是要好好規畫生活，管控日常生活，平衡情緒，培養人際關係，將當人視為一件複雜的事業，一步又一步改善推進。

　　我也體悟到（應該啦），得付出什麼心力才辦得到。一詞以蔽之，耐心。

　　大概是我這人許多矛盾之處中最大的一個。天下凡間，我的ADHD大腦是最沒耐心的存在，但身為人，尤其身為科學家，我可以窮盡畢生之力，費盡千辛萬苦，只為付出耐心。我親身體驗到，好事不會轉瞬發生，實驗不會第一次就成功，唯有汲取失敗經驗，從中學習，才得以精進。

　　當然，絕對不是一步登天，如今我仍顛躓向前。行至那個高點，是耗費了不知凡幾的歇斯底里、情緒爆發、拖拖拉拉，才不僅看得見耐心的價值，有時甚至有所體現。我含辛茹苦；一路走來只見值得。

　　科學與生活之間最高的相關性在於，對於堅持不懈的人而言，兩者都同等令人受挫，又令人滿足。我人生中沒有其他事能像實驗大獲突破那般，帶給我激越昂揚：那刻，一扇門終於開啟，迎向一陣子探求的解決之道。那就是發現新事物的新奇感，無論再怎麼微小，都闡明了我對此份任務的鍾愛。隨便抓來哪位科學家，你都會聽到同樣的話。

　　如本書詳述，我一直採用這些方法，釐清如何以人類的身分生活，如何更正常運作。我深信大家都可以從這些方法擷取一小部分來嘗試，從中獲益。我們都希望人生中有些事情可以更上層樓——感受到更多人與人之間的羈絆、磨礪我們的壯志、修整追求夢想的途徑。

　　我們都可能辦得到，但不是唾手可得。身心儼然是需要受訓的運動員，時時精進感知、記憶、處理技巧、同理能力。正

如你在健身房受訓，無法期待有任何快速進展，也無法要求迅速獲得成果；這些是身為人類的基本組成，你不會一夕之間蛻變。但假使你確實立定志向，也願意展現持之以恆的運動精神，顯然並非不可能的任務。我羅列的概念與技巧基本上是紀律：唯有投入時間加以訓練、好好接納，才能發揮效用。是持久戰，與科學無異。我也和一般人無異，是自己失敗實驗的產物：深以為傲。

生而為人，而長成人，過程中挫折感之大，教人無可置信，畢竟我們那麼全心全意，那麼殫精竭慮，但過了一段時間──或許是很長一段時間──仍無一事發生。值此關頭，很容易氣餒而放棄。但真正的回報在於堅忍不拔，在於化解不確定感、消除自我懷疑，直到有一天，不知不覺，蛻變。我們無法事先規畫蛻變如何開始、何時出現，唯能投入心血，注入信念。

是故，請別再因為未實現的計畫、未完成的目標、未持續的友誼而感到絕望，從中學習，再試試另一條路，不斷實驗，採取自己的方式，接受人類那種必然：人生往美好之處發展，必定是緩慢漸進的過程。還有，無論發生什麼事，請別妖魔化令你異於別人的特點，就學學我吧，視之為與生俱來的超能力，真心接納。

做對事之前，必定會做錯事；變好之前，必定會變壞。沒關係的──事實上，有其必要。好好品味失敗的實驗，好好享受憑己之力找出解決方法的過程，也別因為做自己而愧疚。我從來沒為此抱愧，現在也不打算內疚。

誌謝

出版團隊的恩情綿長無盡，看見了我的潛力。

是他們賦予我的構想生命，也讓我一系列的筆記本活出自己的生命：Adam Gauntlett、Josh Davis、Emily Robertson。

老師與心靈導師，校園內外，隨時不吝支援。

是他們堅持不懈耐著性子向我解釋各個科目，啟發我，信任我。無論晴雨。老師：Keith Rose、Lorraine Paine、Margie Burnet Ward。心靈導師：Michelle Middleton、Allyson Banyard、Clare Welham、Lesley Morris、Celia Collins、Katy Jepson、Leo Brady、博士學位指導教授Christine Orengo。

我永遠感激的好友，見證了這一切。

感謝Abigail：我另一個姊妹，最親密的摯友，灌溉我信心，滋養我，推動這本書登上檯面。實驗室裡力挺我的各位（又名，我的蛋白質家族）。感謝Maísa、Elodie、Bruna、Amandine、Pip、Sam、Tina持續支持鼓勵，也感謝認識最久的朋友Rosie。感謝Greg，提醒我往壞方向發展的事件絕對會織就好的故事；感謝Rhys，告訴我絕對不要放棄寫作。

我的家人，「真的」將一切盡收眼底。

感謝索妮雅（Sonia）、德忠、莉迪亞、Roo、Nay、Rob、Jim、Tiger、Lilly、Aggie以及彭氏家族的人。感謝堂妹Lola、

Ruby、Tilly、德恩姑姑、德美姑姑、Rob姑丈、Huw姑丈，特別感謝德楊叔叔與德輝叔叔對我睜隻眼閉隻眼，讓我永久借來他們的科學書，最終鋪成這一段著書之路。誠摯感謝彭氏家族的公公[1]進福、奶奶小英，永遠緬懷Anslow家族的外公Francis與外婆Elizabeth（又名Betty）。這些人就是我的家。他們總是提醒我，我從何方而來，要我接納自身的特異之處，要我做讓自己充滿動力的事。缺了他們的支持，我其實不確定自己會不會在這裡。感恩你們為我做的一切。

致敬：

1) 出版團隊，Josh Davis、Emily Robertson（編輯）、Adam Gauntlett（版權代理）
2) 科學家夥伴
3) 母親索妮雅
4) 心靈導師
5) 父親德忠
6) 一起特立獨行的夥伴
7) 姊姊莉迪亞
8) 亞斯人夥伴
9) 曾經的朋友、現在的朋友、以後的朋友
10) 小小的我
11) 幫我小忙的陌生人

1　譯註：作者稱呼爺爺奶奶的方式為「Gung Gung」、「Paw Paw」。

FOR₂ 46

人類使用說明書

關於生活與人際難題，科學教我們的事

Explaining Humans : What Science Can Teach Us about Life, Love and Relationships

作者	卡蜜拉·彭（Camilla Pang）
譯者	李穎琦
責任編輯	江灝　　封面設計　許慈力　　內頁手寫字　林佳瑩
校對	呂佳真　　排版　　李秀菊

出版　　英屬蓋曼群島商網路與書股份有限公司臺灣分公司
發行　　大塊文化出版股份有限公司
　　　　臺北市10550南京東路四段25號11樓
　　　　www.locuspublishing.com
　　　　TEL: (02)8712-3898　　FAX: (02)8712-3897
　　　　讀者服務專線：0800-006689
　　　　郵撥帳號：18955675　　戶名：大塊文化出版股份有限公司
　　　　法律顧問：董安丹律師、顧慕堯律師
　　　　版權所有　翻印必究

總經銷　　大和書報圖書股份有限公司
　　　　新北市24890新莊區五工五路2號
　　　　TEL: (02)8990-2588　FAX: (02)2290-1658
製版　　中原造像股份有限公司

初版一刷：2020年12月
初版七刷：2022年 2 月
定價：新臺幣380元
ISBN：978-986-5549-21-3

Printed in Taiwan

國家圖書館出版品預行編目(CIP)資料

人類使用說明書：關於生活與人際難題，科學教我們的事／卡蜜拉·彭
（Camilla Pang）著；李穎琦譯. -- 初版. -- 臺北市：網路與書出版：大塊
文化發行, 2020.12

240面；14.8×20公分（FOR2; 46）

譯自：*Explaining Humans : What Science Can Teach Us about Life, Love and
Relationships*

ISBN 978-986-5549-21-3（平裝）

1. 腦部　2. 科學　3. 應用心理學

394.911　　　　　　　　　　　　　　　　109016355